Introducción a la ingeniería de software, planeación y gestión de proyectos informáticos

Introducción a la ingeniería de software, planeación y gestión de proyectos informáticos

Dr. Daniel Trejo Medina

Segunda Edición

Contribuciones de:
Dr. Octavio A. Hernández Delgado
M.I. Ariadna del C. Tapia Miranda
Ing. Iván E. Almaguer Morán
Ing. Daniel Vargas Sánchez
Vicente Guerra Hernández
Marina Ana Elvira Deguine López
Ana Sofía Barón Gamietea

2019

First Edition Printing: 2017
Second Edition Printing: 2019

Front and back cover design Marina Ana Elvira Deguine López

ISBN 978-0-359-31424-9

DSA IyDA A.C.
Antonio Delfín Madrigal 60
Cd. México, México, 04360

www.dantm.com

Ordering Information:

Special discounts are available on quantity purchases by corporations, associations, educators, and others. For details, contact the publisher at the above listed address.

U.S. trade bookstores and wholesalers:
Please contact: DSA IyDA A.C.
Tel:+52(55)62645200

Para los amigos, ex alumnos, alumnos y colegas éticos de la UNAM.

Contenido

Agradecimientos

Gracias a todos los que aportaron su ayuda para generar este compendio, ya fuera con contenido, correcciones, adecuaciones o sugerencias, así como a mi familia por haberles robado horas de convivencia con ellos para dedicarlas a otras actividades como esta.

Prólogo

El Institute of Electrical and Electronics Engineers (IEEE) define a la ingeniería de software como la aplicación de un enfoque sistemático, disciplinado y cuantificable hacia el desarrollo, operación y mantenimiento de software y el estudio de estos principios, es decir, la aplicación de la ingeniería al software. A pesar de la simplicidad de esta definición, hay múltiples interpretaciones e inclusive detractores que mantienen que los principios de la ingeniería son demasiado rígidos, quizás rigurosos, para poder ser aplicados a todos los tipos de software.

Yo difiero, la ingeniería de software requiere un enfoque holístico y universal. El concepto de software va más allá del simple desarrollo de soluciones informáticas, más allá de escribir líneas de código acotado que se liberan al espacio cibernético para no volverse a ver. El software hoy por hoy requiere el desarrollo de procesos y procedimientos que faciliten la generación y el mantenimiento del código a lo largo de su vida útil.

El software se ha convertido en producto, y como tal, tiene un ciclo de vida que requiere procesos de creación, refinamiento, mantenimiento y evolución.

Los productos informáticos, al igual que cualquier otro producto, conviven en un ecosistema-mercado que no difiere mucho de los ecosistemas ecológicos. Hay competidores, depredadores y presas, todos ellos compitiendo por recursos y contratos. Existen también factores ambientales, tecnológicos y económicos que pueden determinar la supervivencia y longevidad de los productos.

Más allá de las analogías, las empresas que se dedican al software saben que cuentan con recursos finitos, tanto humanos como financieros para desarrollar la "fórmula secreta", un producto innovador que resuelva un problema real en el mercado y que sea superior al ofrecimiento de los competidores. Estos a su vez y por supuesto, también están pensando lo mismo. Sobrevivir y florecer, por tanto, es cuestión de ser más inventivos, más eficientes y mejor organizados que todos ellos.

Para ser exitoso en este entorno, es imprescindible aplicar los principios de la ingeniería, después de todo, la ingeniería es ingenio, inventiva, innovación. La ingeniería también es arte, filosofía y ciencia.

El ingeniero sabe que no está aquí para hacer ciencia, sino para aplicarla y asegurarse de que nuestro *ingenium* o "cosa inventada" sea replicable y pueda crecer, prever el futuro y estar preparado para ello.

El texto que ha producido el Dr. Daniel Trejo Medina es el resultado de más de veinte años de experiencia, de incontables horas dedicadas a proyectos a lo largo y ancho del continente americano y más allá. Esto, aunado a su experiencia docente y de investigación, crea el matrimonio perfecto entre los conceptos académicos y el mundo real de la industria del software.

Cuando el Dr. Trejo, "el *inge*", como afectuosamente lo llamo desde hace años, me pidió ideas sobre temas que deberían ser incluidos en este libro, yo hablé de la necesidad de reconciliar el mundo ágil del ingeniero de software con las expectativas "waterfall" de los clientes que usan sus productos. "El *inge*" contesto "done". Por supuesto que ya lo sabía y lo tenía escrito porque el mismo lo ha vivido.
De igual manera ha vivido y lidiado con clientes y proyectos que no se apegan a las definiciones académicas, del PMI, es decir está en el mundo real. Al verter sus conocimientos y experiencia dentro de estas páginas, nos allana el camino tanto a los lectores que apenas se embarcan en el navío de la ingeniería como a los viejos lobos de mar que llevamos años navegando los océanos de la industria.

Espero y deseo que este libro se convierta en un clásico. Al mismo tiempo, le lanzo el reto a nuestro "*inge*" a que lo mantenga vivo cual obra de arte, jamás conclusa, siempre por terminar y siempre por mejorar.

Dr. Octavio A. Hernández Delgado.
Dublín, Irlanda.
Diciembre de 2017.

Prefacio

La gestión, administración y dirección de proyectos, particularmente de tecnologías de la información (TI), han sido bastante atendidos en las universidades desde una perspectiva teórica principalmente, lo cual llega a ser un problema conocido con el nombre de "la Guillotina de Hume" pero de carácter técnico.

El aportar valor a un proyecto es lo más relevante para quien lo ejecuta, consideremos que los colaboradores en un ambiente de tecnologías de la información son personas profesionales, automotivadas y moralmente correctas, por lo que la función primitiva de mandar, mover y vigilar a un equipo como subordinados debiera ser menor.

El texto incluye una aproximación práctica de la administración de proyectos desde una perspectiva de metodología ágil, explica a un nivel profesionista o técnico los procesos de un proyecto y le da una visión de 360° al mismo, integrando conceptos básicos de la ingeniería de software, de administración tradicional y ágil de proyectos, de liderazgo, comunicación y ética.

Puede leerlo en el orden que está dispuesto en el capitulado o de la manera que mejor le ajuste al lector, es posible que la lectura de este texto defraude a quien espere enseñanzas prontas, digeridas o respuestas completas, fundamentalmente teóricas, a sus dudas. Por el contrario, es posible que si únicamente ha tenido experiencia teórica, encuentre contrarios a su memorización del aula algunos conceptos o menciones que le enseñaron, no se preocupe, no se aprende a nadar leyendo libros, ni haciendo ejercicios en seco, hay que mojarse para nadar.

Confieso que el texto está escrito bajo la perspectiva de lectura para un principiante, sí basado en experiencias e integrando referencias de terceros, pero como bisoño ¿Por qué? Porque los expertos suelen vender la ilusión del ser poseedores del único conocimiento válido, del terreno que dominan y han caminado, sin embargo eso fue el ayer, con viejos paradigmas, confiando en el pasado.

Además sea consciente que las teorías o conceptos técnicos o de negocios de hace diez años no funcionarán hoy día, así como tampoco algo que hoy funcione en los negocios será aplicable dentro de una década, procure entonces, si es estudiante crear el cambio positivo en su desarrollo profesional, medite que el error más grande es no aprender de nuestros errores, esté dispuesto al cambio, aporte valor y sea ágil.

El presente texto es un apoyo para cualquier interesado en la materia, que incluye varias fuentes y otros autores a forma de compendio que facilite al lector una línea base integral del tema. Esta segunda edición incluye algunas sugerencias que amablemente me hicieron llegar por diversos medios.

*"**Pato**: La ciencia es un horizonte al que se llega, no un premio que cargas en las manos...*
Gravity Falls"

Introducción

La gestión está enfocada en la planificación de los procesos para llevar a cabo los objetivos de un proyecto (o empresa), la administración coordina los recursos del proyecto a través de procesos de implementación, guía y control en búsqueda de obtener un resultado y cooperación de los participantes, la dirección ejecuta lo planeado e implica influir y motivar a los colaboradores para realizar las actividades acordadas en la administración y gestión.

Este texto procura explicarle de manera sencilla los principales temas que cualquier profesional novel del desarrollo de software debe conocer a nivel técnico o licenciatura, desde una perspectiva práctica. Si al final o en parte de su lectura, comprende que el usuario para el cual se trabaja es la razón principal de esta profesión y se quita el mal transmitido concepto de que los ingenieros o informáticos son semidioses por tener una especialidad altamente técnica, habrá evolucionado.

Las áreas de tecnología y sus participantes son fundamentalmente áreas de servicio, sin embargo si se aplica de buena manera el conocimiento técnico y científico, se puede aportar un valor importante al negocio, institución u organización en donde se colabora y en consecuencia, a la sociedad.

El actuar de esta profesión de ingenieros, informáticos o computólogos facilita la revolución del conocimiento, dado que incide en todos los procesos actuales, desde la recopilación de datos, procesamiento, análisis, almacenamiento y de cuya deducción de conclusiones favorece el progreso tecnológico y económico.

La estructura del documento lo puede ver en cuatro grandes áreas, modelos de referencia, buenas o mejores prácticas, normas, desarrollo personal y profesional. Los modelos de referencias corresponden por ejemplo a la Integración de modelos de madurez de capacidades o a los objetivos de control para información y tecnologías relacionadas; las buenas o mejores prácticas se refieren a la gestión de proyectos o a la Biblioteca de Infraestructura de Tecnologías de Información y las normas a las definidas por la Organización Internacional de Normalización.

En la medida de lo posible piense, razone y actúe como líder servicial, que delega, que comparte, que integra, que suma; no se convierta en el típico jefe o empleado que no aporta valor más allá de hacer antigüedad.

Aprenda a cuestionar lo que los teóricos le enseñan, algo de valor puede alcanzar en el proceso, sin embargo, evalúe los hechos o productos que han originado, quizás comprenda entonces, -parafraseando a Kriegel y Brandt-, que de las vacas sagradas se hacen los más ricos tacos, reflexione que al menos en un país desarrollado:

Cogitationis poenam nemo patitur.

La ingeniería de software

La ingeniería de software generalmente la ubican en el desarrollo, sin embargo, va más allá de exclusivamente codificar y programar, también incluye la toma de requerimientos, diseño, métricas, verificación, validación, prueba y mantenimiento de software. Los estudiantes no siempre tienen presente que deben aprender y comprender el cómo asegurar que las necesidades de su usuario o cliente puedan ser cumplidas y ejecutadas para el desarrollo de un software, siempre respetando los requerimientos acordados.

En definición, la ingeniería de software es un conjunto de técnicas, metodologías, incluso algunos incluyen el condimento de arte, que aplica conocimientos científicos y técnicos para el diseño, invención, perfeccionamiento y optimización de procesos y sistemas para desarrollar software en beneficio de la sociedad.

No es únicamente aplicable o desarrollada por ingenieros, de hecho, hay mayor cantidad de licenciados en informática y computólogos que la realizan de forma integral, ya que incluyen la gestión y la administración.

Como profesión, implica un conocimiento de ciencias matemáticas, que en un principio se adquiere mediante estudio teórico, y el cual se va puliendo con experiencia y práctica, aunado a la capacidad de utilizar de manera óptima, los recursos (materiales y humanos) para un bien común, tomando en cuenta el contexto y las limitantes humanas, éticas, físicas, financieras, ambientales, culturales, políticas y legales que puedan estar involucradas.

Algunos académicos, aquellos que no cuentan con experiencia en el mundo laboral ajeno a la academia, instruyen erróneamente al afirmar que escribir código es lo único importante de la ingeniería de software, lo cual es una falacia.

Debido al aumento en la complejidad con la que se desarrollan actualmente los sistemas informáticos, resulta difícil para las organizaciones encargadas de las tecnologías de la información, generar siempre productos o servicios que cumplan con las expectativas del cliente de manera íntegra, ya que el interés por la calidad crece de forma continua y los clientes se vuelven más selectivos y comienzan a rechazar productos poco fiables o los que no dan respuesta a sus necesidades de negocio pero sí a un ejercicio técnico.

Esto ha influido al impulso de las organizaciones profesionales de desarrollo de software por buscar modelos como son los propuestos en el *Capability Maturity Model Integrated* (CMMI) y por el International *Organization for Standardization/International Electrotechnical Commission* (ISO/IEC) 15504, los cuales facilitan elevar la madurez y calidad en los servicios para alcanzar niveles internacionales de competitividad.

El modelo de ISO/IEC 15504 es un estándar internacional que permite evaluar la capacidad y madurez de los procesos de software de una organización y el de CMMI se describirá más adelante.

Si como estudiante de licenciatura, cursando ingeniería de software, aborrece la asignatura, quizás el canal de entrega fue deficiente o no tenía el nivel mínimo necesario para transferir una línea base de conocimiento e importancia.

El siglo pasado, en 1975 Fred Brooks publicó un libro que es un clásico *"The Mythical Man Month: Essays on Software Engineering"* (1982), le sugiero al lector lo busque y lea, dado que los programadores e ingenieros de software son generalmente optimistas, más cuando son novatos, con este libro pueden borrar varios mitos que escucharon en la teoría, acelerando si comprenden los puntos expuestos por Brooks, la calidad en sus proyectos.

Como practicante de la ingeniería de software debe tener presente que agregar personas a un proyecto no aceleraran su terminación, y no mantener las actividades bajo parámetros de calidad lo harán peor, dada la cantidad de errores de codificación y cambios inevitables que su proyecto tendrá.

Un buen ingeniero de software siempre debe procurar entender primero el problema, planear una posible solución a dicho problema, accionar o ejecutar el plan y controlar el resultado, un proceso administrativo simple. Sin embargo tiene diversas aristas, ya que debe comunicarse y colaborar con distintos perfiles de profesionistas o profesionales, procurar entender al usuario, quien es la persona más importante del proyecto.

Si hace bien lo pasos arriba mencionados, seguramente el producto que genere será sencillo, de utilizar, de mantener y con buena documentación.

Menciono que con un curso no será un ingeniero de software, le hará falta experiencia de campo para poder ser considerado uno, la profesión de origen no es determinante, conozco físicos que son excelentes ingenieros de software e ingenieros en sistema que son excelentes financieros, en otras palabras la práctica, el seguimiento ágil y continuo de habilidades y conocimiento en el área, incluidas las habilidades suaves interpersonales y de comunicación, hacen con el tiempo un buen ingeniero de software.

En los temas siguientes se abordan puntos relevantes para la ingeniería de software tradicional, la cual suele ser vista únicamente como el diseño, modelado, planeación, codificación, verificación y validación y puesta en producción; dejando en ocasiones de lado los temas de calidad, personal, costos y estándares.

Fundamentos de la administración de proyectos

En la mayoría de las definiciones de administración se enfatiza que es un proceso en el cual se involucra planeación o establecimiento de metas para que a través de los medios correspondientes se puedan alcanzar los objetivos; no obstante, son personas o recursos humanos las que organizan las fuentes y tareas que se deben completar para lograr dichas metas.

Dirigir o liderar miembros de una organización de forma eficiente y con sentido, controlando el plan o monitoreando el avance para evitar desviaciones no planeadas o aprobadas por el cliente, son elementos clave para el administrador.

La administración de proyectos podemos definirla como la aplicación de conocimientos, habilidades, herramientas y técnicas, tanto cuantitativas como cualitativas, en las actividades del proyecto para cumplir con los requisitos del mismo.

Entre los beneficios que brinda la administración de proyectos se encuentran los siguientes:

- Tener un mayor número de proyectos terminados conforme lo planeado.
- Menores desviaciones en el cumplimiento de los tres elementos fundamentales: tiempo, costo y alcance.
- Lograr un mejor cumplimiento de los objetivos estratégicos de la organización.

La administración de proyectos se basa en cinco puntos en los que es posible agrupar los procesos empleados durante el desarrollo de un proyecto

- Iniciación
- Planificación
- Ejecución
- Seguimiento
- Control

Para que no se pierda el sentido de la existencia de un proyecto es necesario tener en cuenta y en todo momento la percepción de un valor agregado; para fines de este texto, el valor agregado lo enuncio en sentido mercadológico, es decir, es la característica extra que le da al software desarrollado un mayor valor comercial, particularidad poco común o que permite diferenciarse una empresa de otra.

Menciono que aportar valor para un software puede ser también cuando este mejora o facilita el manejo de los recursos operativos de una organización, facilitándole cumplir sus objetivos de negocio.

Para desarrollar correctamente un proyecto, históricamente se ha sugerido que siempre exista un *Gerente de proyecto*, el cual debe contar con las siguientes capacidades (Toro López, 2013):

- Identificar y asegurar expectativas y necesidades de los *stakeholders* (cualquier persona que esté interesada en la realización de un proyecto) y de los patrocinadores del proyecto.
- Comunicar de manera efectiva los mecanismos de iniciación de las actividades.
- Expresar a los miembros de un equipo las actividades que se deben realizar acorde a un plan.
- Establecer procesos de control de alcance de un proyecto.
- Entender, evaluar y reconocer las características de un trabajo que hay que realizar.
- Comunicar el estado del proyecto, conforme se lleve a cabo, a los grupos de interesados.

En algún otro documento es posible que haya leído sobre las características que debería poseer un gerente o director, las cuales fueron propuestas por Fayol desde el siglo pasado. Estas aptitudes también son aplicables para quien administra un proyecto informático:

- Cualidades físicas: salud, vigor, presencia.
- Cualidades mentales: habilidad de entender, aprender, juzgar, resiliencia.
- Calidad moral: energía, firmeza, deseo de aceptar y cumplir las responsabilidades, iniciativa, lealtad, tacto y dignidad.
- Educación general: además de conocer temas técnicos, también se debería conocer temas de cultura general.
- Conocimiento particular: en el área de desarrollo de proyectos y/o especiales dependiendo de las funciones a desempeñar.
- Experiencia: conocimiento del trabajo que va a realizar.

En el ámbito profesional, incluso académico, existen demasiados líderes o planeadores de proyecto cuya experiencia es inventada, y el grado académico o edad parece que les da cierto nivel de credibilidad, sin embargo, en la práctica son un fracaso.

El planeador de proyectos debe de tener en cuenta que todo proyecto involucra actividades de índole técnica, financiera, comercial, administrativa e incluso de seguridad, teniendo como eje principal de ejecución las de índole administrativa: planear, organizar, dirigir, coordinar y controlar con la finalidad de presentar el resultado correcto.

En cuanto al término administración de proyectos, se puede definir como "La aplicación del conocimiento, habilidades, herramientas y técnicas [...] para conocer los requerimientos del proyecto" (Darnall y Preston, 2010).

Desarrollo del proceso administrativo

Cuando se constituye una empresa, existen diversos términos fundamentales que deben existir, los cuáles son útiles para conocer el rumbo y expectativas de la organización, así como la influencia que esta ejerce en todos sus miembros.

Tres definiciones necesarias con las que toda empresa debe contar son: misión, visión y cultura organizacional. Si bien estos términos recaen en primera instancia dentro de una organización, no se encuentran de manera aislada, por lo que se extienden más allá de esta, hacia sus empleados y hacia el exterior (clientes y socios) de la misma.

Hay que tener en cuenta que los trabajadores de cualquier organización son piezas clave para su funcionamiento; cada uno de ellos aporta un esfuerzo que mantiene en movimiento a la empresa y la ayuda a alcanzar sus objetivos. Por ello, los empleados son elementos individuales que juntos colaboran y se vuelven indispensables para el funcionamiento de esta.

Misión

El primer elemento fundamental para toda empresa es el concepto de misión, el cual define a los objetivos actuales de la empresa; lo que está comprometida a entregar. Este concepto precisa el propósito, motivo o razón de ser de una empresa, ya que en la misión se definen tres aspectos trascendentales:

- Lo que está dispuesta a cumplir en el entorno o sistema social en el que actúa
- Lo que pretende hacer
- Para quiénes lo va a hacer.

El concepto de misión está detallado por diversos factores, como lo que dio origen a la compañía y los ideales de los fundadores, pero en general los clientes son quienes tienen la mayor incidencia, ya que estos son el fin primordial de la compañía. En la misión se especifica lo que la organización está dispuesta a hacer para brindarles un mayor beneficio a los clientes.

Las ideas introducidas en la misión de una empresa son particularizadas y se aprovechan para ubicar a la empresa dentro del sector en el que se encuentra, así como a las necesidades de los clientes a quienes trata de servir (Thompson, 2006).

Visión

La visión es, como tal, una perspectiva de lo que se espera de la empresa a largo plazo. Es la ruta en la que se dirige y orienta la empresa, las decisiones estratégicas de crecimiento y competitividad.

La visión es un tema metodológico de la organización que puede ser arduo construir, ya que se debe estimar lo que se hace hoy día (lo cual está ya especificado en la misión), pero también lo que se hará para satisfacer las nuevas necesidades de los clientes, socios, empleados, buscando atender también el crecimiento interno de la organización (Thompson, 2006).

En términos prácticos, la visión de una empresa es más genérica que la misión, pues no se cuenta con herramientas certeras para definirla. No obstante, para lograr estructurarla será necesario identificar las metas futuras, aunado al avance de las nuevas tecnologías, las necesidades y expectativas cambiantes de los clientes, la situación del mercado, entre muchos otros factores.

Cultura organizacional

La definición de misión y visión indican, respectivamente, lo que es ahora la empresa y a lo que aspira a convertirse. Para que coexistan estos términos será necesario tener dentro de la organización una estructura bien cimentada. Lo anterior se refiere no sólo a los procesos que sigue la organización para alcanzar los objetivos, sino al ambiente interno existente entre los individuos que ahí conviven.

El ambiente laboral está constituido por tres determinantes:
- El general: compuesto por los aspectos económicos, sociales, legales y tecnológicos de la empresa, en donde se presentan decisiones organizacionales y se ejecutan estrategias.
- El operativo: constituido tanto por el cliente como por el trabajo que se desarrolla.
- El interno: en el que existen las fuerzas dentro de la organización que la mueven (a diferencia del general, en donde se destacan elementos externos), resultando en implicaciones directas para su dirección y desempeño

Los autores Salazar, Guerrero, Machado y Cañedo mencionan que las decisiones que se tomen por parte de la gerencia de la empresa impactarán directamente en si esta tiene éxito o fracasa dentro del mercado, estas decisiones deberán considerar también a los empleados, quienes constituyen el pilar fundamental que da soporte a la organización (2009).

Existen diversos componentes que constituyen el clima organizacional de una empresa, tales como:

- Ambiente físico de trabajo: instalaciones, equipos, color de las paredes, temperatura.
- Características estructurales: tamaño y estructura de la organización.
- Ambiente social: compañerismo, conflictos entre personas y departamentos, comunicación.
- Características personales: aptitudes, actitudes, expectativas individuales.
- Comportamiento organizacional: productividad, satisfacción laboral, nivel de tensión.

Al tener una percepción de la organización fruto de su clima organizacional, se adoptarán ciertos comportamientos por parte de los trabajadores. Estos deberán sentirse pertenecientes a la empresa para así aumentar su eficiencia, eficacia, la calidad de sus servicios, tener un mayor impacto social y, por ende, generar un mayor desempeño para la organización, lo cual también debe ser recíproco, es decir el empleado debe comprender que debe aportar valor, responsabilidad y ética al puesto que está desempeñando, no aprovechar la posición para sacar ventaja personal de ello.

El clima de una organización ejerce una influencia importante en la cultura de la organización, que se define como el "patrón general de conductas, creencias y valores compartidos por los miembros de una organización" (Salazar, Guerrero, Machado y Cañedo, 2009).

El clima organizacional incide directamente en la mentalidad de cada uno de los miembros, pues con base en su percepción, estos adoptan ciertas conductas y valores "heredados" de la empresa.

Entre los elementos que conforman a la cultura organizacional se encuentran:

- La identidad de los miembros, si estos se identifican con la organización a partir del trabajo que en ella desempeñan.
- El énfasis de grupo, cuando las actividades se realizan solas o en equipo
- Perfil de decisión, si la toma de decisiones está dirigida a los recursos humanos o a las actividades que se desempeñan.
- Integración, que hace referencia a las labores que realizan las unidades de trabajo; en forma coordinada o independiente.
- Control, si existe un mecanismo regulador riguroso o si se sustenta en el autocontrol.
- Tolerancia al riesgo, si se fomenta la creatividad e innovación de los trabajadores para acometer las tareas.
- Criterios de recompensa, que se basan en el favoritismo propiciado por las labores realizadas, la antigüedad, el rendimiento, entre otros factores.
- Tolerancia al conflicto, si se fomenta el conflicto funcional como elemento de desarrollo en la empresa.
- Perfil de los fines o medios, si se priorizan los fines o en su defecto a los medios para alcanzar objetivos.
- Enfoque de la organización, si su enfoque está en los clientes y otros elementos externos, o en los trabajadores y componentes internos de la misma.

Un clima organizacional correcto y una cultura colectiva anticipada ayudan en gran medida a que se generen compromisos a nivel empresarial más allá de intereses personales en cada uno de los miembros, con resultado en mejor beneficio y desarrollo de toda la empresa, fomentando también una mejor calidad de vida para todos los colaboradores (Salazar, Guerrero, Machado y Cañedo, 2009).

¿Qué es un proyecto?

Es un esfuerzo temporal que se lleva a cabo para crear un producto, servicio o resultado único. Se describe como un proceso con una duración determinada y un fin concreto, compuesto por actividades y tareas diferentes, el cual es elaborado de manera gradual.

Para que un proyecto se desarrolle deberán existir:

- Personas interesadas en la realización del mismo.
- Procesos y metodologías.
- Desarrollo de documentación.

¿Quiénes son las personas interesadas (*stakeholders*)?

- Clientes y usuarios: son las personas u organizaciones que utilizarán el producto una vez se termine de desarrollar. En algunas áreas de aplicación, clientes y usuarios son sinónimos, mientras que en otras, los clientes son la entidad que adquiere el producto del proyecto y los usuarios hacen referencia a aquellos que usan directamente el producto del proyecto.
- Patrocinadores: personas o grupos que proporcionan los recursos financieros para el proyecto, ya sea en efectivo o en especie. El patrocinador guía el proyecto a través del proceso de contratación o selección hasta que está formalmente autorizado y cumpla un rol significativo en el desarrollo inicial del alcance y del acta de constitución del proyecto.
- Equipo del proyecto: está conformado por el director del proyecto, el equipo de dirección del proyecto y los miembros del equipo que desarrollan el trabajo, pero que no necesariamente participan en la dirección del proyecto.
- Gerentes funcionales: son personas clave que desempeñan el rol de gestores dentro de un área administrativa o funcional de una empresa, tal como recursos humanos, finanzas, contabilidad o adquisiciones.
- Gerentes de operaciones: son las personas que desempeñan una función de gestión en un área medular de la empresa, tales como investigación y desarrollo, diseño, fabricación, aprovisionamiento, pruebas o mantenimiento. A diferencia de los gerentes funcionales, estos gerentes tienen que ver directamente con la producción y el mantenimiento de los productos o servicios que vende la empresa.
- Vendedores: también llamados proveedores o contratistas, son compañías externas que celebran un contrato para proporcionar componentes o servicios para el proyecto.
- Socios de negocio: al igual que los vendedores son compañías externas, pero que tienen una relación especial con la empresa, lograda algunas veces mediante un proceso

de certificación. Proporcionan experiencia especializada o desempeñan una función específica como una instalación, adecuación, capacitación o apoyo.

¿Qué es un proceso y una metodología?

Se le llama proceso a las medidas y actividades interrelacionadas realizadas para obtener un conjunto específico de resultados, productos o servicios.

Los elementos asociados con un proceso son los siguientes:

- Entradas
- Técnicas
- Herramientas y equipo
- Personas
- Salidas (resultados, productos o servicios)
- Activos organizacionales
- Indicadores de desempeño

La correcta elección de los procesos a utilizar durante el desarrollo de un proyecto será la clave para lograr un producto final exitoso. Además, otros factores importantes y necesarios para concluir un proyecto son emplear un enfoque adecuado a los requerimientos, establecer una buena comunicación con los interesados, cumplir los requisitos para satisfacer las necesidades planteadas y delimitar correctamente las restricciones del proyecto. Dichas restricciones se relacionan sobre todo con el tiempo, el costo y el alcance.

Una metodología es un sistema de prácticas, técnicas, procedimientos y normas utilizado por quienes trabajan en una disciplina.

Durante la planificación de un proyecto es importante realizar el diseño de una metodología, pues en ella se especifica qué es lo que se va a producir y qué es lo que se hará para llevarlo a cabo. Además, se le puede considerar como una forma estratégica de trabajo, por lo que se tienen que detallar los aspectos clave para así sacarles el mejor provecho durante el desarrollo de dicho proyecto.

De manera que la elección de estándares se volverá crucial en el momento de definirla, y al hacerlo, se podrá tener un mejor control en las etapas subsecuentes de este proceso.

Para definir una metodología, se deben cohesionar dos términos importantes: "método, forma de trabajo que implica un arreglo ordenado de manera lógica, generalmente con pasos a seguir y ciclo de vida" (Martínez y Chávez, 2010), de esta forma, será posible secuenciar todas las fases de un método de acuerdo con el orden establecido en el ciclo de vida del proyecto.

La guía del *Project Management Body of Knowledge* (*PMBOK*), define un proyecto como un "esfuerzo temporal que se lleva a cabo para crear un producto, servicio o resultado único".
Los proyectos pueden tener impactos sociales, económicos o ambientales que pueden perdurar mucho más que la elaboración en sí del proyecto.

Debido a que es temporal, este tiene un inicio y un final. El proyecto llega a su término cuando se cumplen sus objetivos, pero también cuando no se no se cumplen o cuando la necesidad que dio origen al proyecto deje de existir. Asimismo, es posible que el proyecto llegue a su fin cuando el cliente, patrocinador o el líder de proyecto decida que sea momento de terminarlo.

Todo proyecto tiene como finalidad generar un producto, servicio o resultado único, tangible o intangible. Pese a que puedan existir dentro del proyecto elementos repetibles e idénticos, estos no afectarán la naturaleza única y las características fundamentales del proyecto.

Ya que todo proyecto es único, existe cierta incertidumbre en su realización, debido a que en ellos se podrán generar productos y servicios diferentes. Por ende, el equipo de trabajo podría realizar actividades distintas en cada proyecto, lo cual requerirá una mayor planificación para su desarrollo. Además, este equipo de desarrollo puede variar en tamaño, yendo desde un individuo hasta un grupo de organizaciones trabajando en común.

Cabe señalar que se hará énfasis en los procesos orientados a la dirección de proyectos más que a los enfocados a productos, debido al tipo de información documentada. No obstante, y aunque no se mencione de manera detallada, los procesos orientados a productos no deberían ignorarse en el desarrollo de un proyecto.

En todas las industrias se aplican procesos de dirección de proyectos, y si bien existe el concepto de buenas prácticas para la gestión de estos, no quiere decir que se les deban aplicar todos los procesos si obedecen a necesidades y conceptos distintos.

El administrador del proyecto y su equipo de trabajo deberán establecer cuáles son los procesos necesarios para la realización de uno nuevo, así como el rigor con el que van a aplicar. A este proceso de análisis detallado y selección de los procesos se le conoce como adaptación.

Para su conceptualización y empleo, la Guía del *PMBOK* establece cinco categorías en las que se agrupan todos estos procesos. A estas secciones se les conoce como Grupos de Procesos para la dirección de proyectos (o simplemente grupos de procesos). En ellas se detallan los siguientes:

- Grupos de procesos de inicio
- Grupos de procesos de planificación
- Grupos de procesos de ejecución
- Grupos de procesos de monitoreo y control
- Grupo de procesos de cierre

Estos procesos no son independientes entre sí; de manera general, las salidas de un proceso regularmente pasan a ser, ya sea, la entrada de otro u otros, o bien constituyen entregables intermedios llamados también entregables incrementales. Esto ocurre para todos los grupos de procesos a excepción de los de monitoreo y control, los cuales se encuentran presentes en cada uno de los demás, considerandos a estos como procesos "de fondo".

No obstante, no es necesario que un proceso termine para darle paso a los siguientes. De hecho, normalmente en un proyecto estos procesos se superponen y se repiten varias veces durante su ciclo de vida. Por ello, cabe aclarar que los Grupos de Procesos no son equivalentes a las fases del ciclo de vida de un proyecto e incluso es probable que, por su naturaleza evolutiva, en cada una de las fases se desarrollen todos estos Grupos de Procesos.

¿Qué es un requerimiento?

Todo proyecto lleva consigo requerimientos y en la administración de proyectos es fundamental definirlos y documentarlos. Con ellos se puede identificar cuáles son las necesidades y expectativas involucradas.

Para nuestro caso el requerimiento es cualquier funcionalidad o propiedad que debe cumplir el software y que servirá para atender algún problema del mundo real. Para obtener los requerimientos es necesario tener entrevistas, reuniones o un listado de la funcionalidad deseada por el usuario correcto, en *scrum* le llaman *product owner*, más adelante lo veremos con detalle; esta toma de requerimientos debe siempre estar documentada para que se verifique y se valide por el usuario mismo.

Al menos los requerimientos tienen tres dimensiones o niveles, una de negocio, una de usuario y otra funcional.

Los requerimientos de negocio son objetivos comerciales u objetos sociales de alto nivel de una organización que construye un producto o una característica que un usuario ocupará.

Alineado a los requerimientos de negocio siempre tendrá una política, lineamiento o regulación que limite algún aspecto del objeto social de la organización, esto es una regla de negocio, que no necesariamente es un requerimiento de software pero seguramente incidirá en ellos.

Cada requerimiento o requisito debe ser mesurable, sin importar lo complejo del mismo, al menos dicotómico en el sentido de poder identificar: se cumple o no con el requerimiento. Los principales problemas de cualquier proyecto se deben a requerimientos volátiles o indefinidos.

De manera histórica los requerimientos iniciaron desde la perspectiva de proceso, con el tiempo se convirtieron de forma granular, en requerimientos de producto.

Un buen requisito, como sugerencia, siempre está definido con relación a un actor o persona, con una capacidad de hacer algo y sobre todo obtener un beneficio, esto es fundamental ya que evitará la ambigüedad en el proyecto. A manera de ejemplo puede verlo así:

"como administrador de finanzas debo ser capaz de dar de alta una cuenta de manera que pueda controlar los beneficiarios", el requerimiento propio es dar de altas cuentas, pero al vincularlo con una persona, en este caso administrador de finanzas, facilita el beneficio que obtendrá si el módulo se desarrolla correctamente.

Un punto importante dentro de la toma de requerimientos es la identificación y diferenciación entre los procesos que pueden ser funcionales y los que no son funcionales.

- Funcionales: aquellos que describen un comportamiento necesario a cumplir por el sistema bajo condiciones específicas. Un ejemplo es escribir los datos en una tabla de base de datos con ciertas características determinadas. También les llaman capacidades del software.

- No funcionales: son propiedades o características del sistema que el sistema puede respetar o no, sin afectar el desempeño funciona. El ejemplo puede ser el color del marco de la ventana del sistema, deseable que sea azul marino, pero puede ser azul cielo. Algunos los denominan también como requisitos de calidad

Los medios por los que se obtienen estos requerimientos pueden ser variados: entrevistas, cuestionarios y encuestas, observación, a través de prototipos funcionales o no, grupos de enfoque, entre varios.
Los requerimientos de usuario son tareas o metas específicas que deben ver o realizar dentro del sistema, como un atributo deseable y necesario del sistema.

Existe también el concepto de característica, que es una o más capacidades del sistema relacionadas lógicamente que proporcionan valor a un usuario específico y están descritos por un conjunto de requisitos funcionales.

Los requerimientos pueden estar afectados por atributos de calidad, los cuales son servicios o desempeños específicos de un producto y suelen ser no funcionales.
Cuando a alto nivel se tienen requerimientos que debe cumplir todo el sistema, múltiples sistemas, pudiendo ser este de software, de hardware o ambos, es un requerimiento de sistema. Un ejemplo

típico, es la versión de sistema operativo soportada, el manejador de base de datos a utilizar, entre otros.

Uno de los errores comunes de muchos programadores novatos es enfocarse en los requerimientos no funcionales y dejar de lado las características necesarias del sistema.

Dependiendo de las organizaciones con las cuales colabore y su madurez en la misma, puede hallar que las personas que hacen los levantamientos y documentación de requerimientos son los analistas de negocio y ellos son los encargados de generar las especificaciones de requerimientos de software. Existen diferentes estándares para estos requerimientos, mas adelante mencionaremos uno de la IEEE.

En todos los proyectos de software encontraremos personas interesadas a distintos niveles de compromiso para llevar a buen puerto el proyecto mismo, como mencionamos antes podemos ver tres grandes capas que deben comenzar con los requerimientos de negocio seguidos de los requerimientos de usuario para finalizar con los requerimientos funcionales. Estas tres áreas deben estar ligadas y tener continuidad, de otra forma no podrá realizarse de manera adecuada el proyecto.

El hecho de que los requerimientos se deban tomar con antelación a la codificación del proyecto, no implica que sean elementos separados de éste, al igual que la fase de diseño, construcción, pruebas y mantenimiento, en la etapa de la toma de requisitos se siguen también procesos y se documenta como parte del proyecto.

Es fundamental ya que en ella se identifican los interesados (*stakeholders*) y las relaciones entre el equipo y el cliente o usuario final, un error de novato es querer aceptar requerimientos de cualquier *stakeholder* y no únicamente del usuario final acordado para el tema.

Una vez se obtienen los requerimientos del proyecto, el siguiente paso lógico es realizar un análisis de los mismos con el objetivo de detectar y resolver conflictos entre estos, descubrir los límites del software para definir cómo trabajar con él y elaborar los requisitos del sistema derivados del análisis y requerimientos de software.

Para ello, es útil realizar una clasificación de los mismos, seleccionando los funcionales y los no funcionales, decidiendo si cada uno de los requisitos forman parte del proceso o del producto, considerando su prioridad, analizando su alcance y, conforme avance el proyecto, examinando su volatilidad y estabilidad, es decir, teniendo en cuenta que conforme el producto se va desarrollado, puede ser menos conveniente realizar algún tipo de cambio que afecte significativamente estos avances.

Una vez analizados y comprendidos los requisitos, existe un alta posibilidad de que existan discrepancias entre ellos, ya sea por ideas contrarias de los *stakeholders*, entre los requisitos y los recursos que se tienen, entre los requerimientos funcionales y los no funcionales, y demás. Ante esto, existe el término *resolución de conflictos* que se aplica en estos casos para así negociar los requisitos y resolver estas diferencias.

Existen diferentes estándares utilizados para la elaboración de un documento de requisitos de software, de entre ellas están el IEEE 1465 y el ISO/TEC 12119, los cuales tratan los requisitos de calidad en paquetes de software, sin embargo, en el *Software Engineering Body of Knowledge (SWEBOK)*, es un documento creado por la *Software Engineering Coordinating Committee*, promovido por la *IEEE Computer Society*, opta por utilizar el estándar 830 (IEEE830-98) para producción y contenido de los requisitos del software.

En el documento de la definición de los requisitos de software se incluye: la definición del sistema, en donde se especifica el propósito, el alcance, el personal involucrado; la descripción general de producto desarrollado (perspectiva, funcionalidad, características de los usuarios, restricciones, suposiciones, evolución previsible); los diferentes tipos de requerimientos, como los requisitos de las interfaces (de usuario, de hardware, de software, de comunicación), requisitos funcionales (dictados por el cliente), no funcionales (seguridad, rendimiento, fiabilidad, disponibilidad) y otros requisitos.

Ya que se ha elaborado el documento de requerimientos de software (y los de definición del sistema y definición de requisitos, si fuese preciso), es útil presentárselos a los programadores de software y en general a todos los *stakeholders* para asegurar que estos sean entendibles y que no exista confusión; a este proceso se le conoce como *validación de requisitos*.

Por último, hay que recordar que todo requerimiento debe poder ser validado en el producto final. En esta primera fase se deberá entonces definir cuáles serán los criterios que se verificarán para validar los requerimientos. Cabe señalar que todo requerimiento debe ser mesurable, lo cual puede ser difícil para los requisitos no funcionales, por lo que se deben entonces identificar y/o definir los criterios para poder expresarlos cuantitativamente.

En el libro de *Software Requirements* de Wieger y Beatty (2013), se tiene una de las mejores referencias de lo que es un requerimiento, desde diferentes ángulos y propuestas, si desea ahondar este es un perfecto apoyo.

Procesos comunes de proyectos

Procesos de inicio

Este grupo de procesos está conformado por los procesos destinados a iniciar un nuevo proyecto o una nueva fase del mismo una vez se autorice. Aquí, se establece el alcance inicial y se ponen a trabajar los recursos financieros iniciales. Además, se definen quiénes serán los interesados, tanto internos como externos, y si en este punto aún no se hubiera seleccionado al director de proyecto, se elige a uno. La información precisada se registra en el acta de constitución del proyecto y en el registro de interesados.

Cabe señalar que un proyecto se considera autorizado cuando se aprueba el acta de constitución del proyecto y aunque el equipo de dirección del proyecto pueda formar parte de la redacción del acta, la evaluación, financiamiento y aprobación del caso de negocio deben ser manejados fuera de los límites del proyecto .

Cuando se realizan proyectos de gran tamaño, es buena práctica dividir el proyecto en fases, como se mencionó anteriormente. Dentro de cada una de estas, se deben llevar a cabo los procesos de Inicio para mantener centrada la necesidad planteada, aprovechando también para verificar el trabajo realizado hasta el momento y definir entonces si se debe continuar, posponer o suspender el proyecto .

El involucramiento de todos los interesados desde el comienzo del proyecto asegura una mayor integración y por tanto un mayor entendimiento de los requerimientos. Además, un punto importante a destacar es que, dentro de estos procesos, se le otorga autoridad al director de proyecto para que utilice los recursos necesarios de la organización en las actividades posteriores al proyecto.

Procesos de planificación

Los procesos de planificación desarrollan el plan de dirección del proyecto y detallan los documentos requeridos para llevarlo a cabo. Normalmente, a consecuencia de la complejidad del análisis en esta etapa se necesite el uso de varios ciclos de retroalimentación para detallarlo bien. Además, conforme se avanza en la realización del proyecto, se le conoce con mayor detenimiento, e inclusive se realizan modificaciones de aspectos importantes, posiblemente exista la necesidad de realizar una planificación adicional. A esto último se le conoce como elaboración progresiva

Pese a que las especificaciones realizadas en esta etapa probablemente sean modificadas frecuentemente, la ventaja de los procesos de planificación es que, como su nombre lo indica, planifican las tácticas y estrategias, así como la ruta que hay que seguir, para alcanzar los objetivos especificados al inicio.

La interacción con todos los interesados es fundamental, específicamente para obtener retroalimentación y detallar los documentos de planificación del proyecto. Sin embargo, este acto no puede prolongarse de manera indefinida, por lo que los procedimientos establecidos para una organización son los que dictan cuándo terminar la planificación inicial.

Procesos de ejecución

En este grupo, los procesos están destinados al trabajo realizado para alcanzar los objetivos del proyecto. Esto involucra coordinar a las personas y recursos, gestionar las expectativas de los interesados y en general, integrar todas las actividades a fin de cumplir y alcanzar las metas planteadas; aquí, gran parte del presupuesto del proyecto será utilizado para su realización.

Procesos de monitoreo y control

Los procesos de esta etapa se encargan de analizar, rastrear y dirigir el progreso y desempeño del proyecto, a fin de identificar áreas en donde se requiera algún cambio para su mejora progresiva. Este tipo de procesos se realizan de manera regular cada cierto tiempo, buscando enfocar objetivos para que se alcancen las metas sin contratiempos.

El monitoreo continuo realiza observaciones en todos los niveles, resaltando cuáles son las áreas a las que se les debe prestar más atención, tanto en el equipo como al proyecto, y sugiere entonces que se realicen en ellas técnicas para la mitigación de riesgos. Además, cuando se tienen proyectos de varias fases, este grupo de procesos ayuda también con su coordinación y seguimiento.

Procesos de cierre

Este grupo de procesos es aplicable para cuando un proyecto o una fase del mismo terminan, para así cerrarlo formalmente. Para finalizar un proyecto será necesario revisar que todas las fases y procesos anteriores se hayan completado y una vez hecho esto, los procesos de cierre lo declararán formalmente cerrado, considerando así que el proyecto o la fase han finalizado.

No obstante, pueden ocurrir circunstancias en las cuales el cierre del proyecto no sea como se espera, por ejemplo, por un cierre prematuro. Podría incluso ser tal que algunos procesos no puedan cerrarse formalmente (v.gr. a consecuencia de reclamaciones y desapego del cliente). En tales casos, y debido a que los eventos son externos al ámbito del proyecto, estos se transfieren a otras unidades de la organización quienes se encargarían de ello, y una vez hecho esto será posible dar por finalizado al proyecto.

Existen diferentes actividades y documentos especificados en la Guía del *PMBOK* que se deben generar a lo largo de todo proyecto, los cuales pueden variar dependiendo de los requerimientos y el alcance especificado. Sin embargo, pese a que se definen algunos en este documento, muchos otros quedan listados de manera general en la siguiente tabla, tanto para la dirección del proyecto como para el proyecto en sí, para mayor información puede consultar en detalle lo expresado en la Guía del *PMBOK*.

Tabla 1 Documentos para la dirección del proyecto y para el proyecto. Fuente: Guía del PMBOK (2013)

Plan para la Dirección del Proyecto	Documentos del Proyecto	
Plan de gestión de los cambios	Atributos de las actividades	Asignaciones de personal al proyecto
Plan de gestión de las comunicaciones	Estimación de costos de las actividades	Enunciado del trabajo del proyecto
Plan de gestión de la configuración	Estimación de la duración de las actividades	Listas de verificación de calidad
Línea base de costos	Lista de actividades	Mediciones de control de calidad
Plan de gestión de los costos	Recursos requeridos para las actividades	Métricas de calidad
Plan de gestión de los recursos humanos	Acuerdos	Documentación de requisitos
Plan de mejoras del proceso	Base de las estimaciones	Matriz de trazabilidad de requisitos
Plan de gestión de las adquisiciones	Registro de cambios	Estructura de desglose de recursos
Línea base del alcance Enunciado del alcance del proyecto EDT/WBS Diccionario de la EDT/WBS	Solicitudes de cambio	Calendarios de recursos
Plan de gestión de la calidad	Pronósticos • Pronósticos de costos • Pronóstico del cronograma	Registro de riesgos
Plan de gestión de los requisitos	Registro de incidentes	Datos del cronograma
Plan de gestión de los riesgos	Lista de hitos	Propuestas de los vendedores
Línea base del cronograma	Documentos de las adquisiciones	Criterios de selección de proveedores
Plan de gestión del cronograma	Enunciado del trabajo relativo a adquisiciones	Registro de interesados
Plan de gestión del alcance	Calendarios del proyecto	Evaluaciones del desempeño del equipo
Plan de gestión de los interesados	Acta de constitución del proyecto Requisitos de financiamiento del proyecto Cronograma del proyecto Diagramas de red del cronograma del proyecto	Datos de desempeño del trabajo Información de desempeño del trabajo Informes de desempeño del trabajo

¿Y la documentación?

En informática, la documentación suele referirse al conjunto de documentos (manuales, folletos, guías, entre otros) que se entregan con un determinado software y que contienen las instrucciones para que el usuario aprenda a manejarlo y conozca sus funciones principales.

Incluye desde la definición general del proyecto de software, es decir en qué consiste el sistema o desarrollo en, cuál es la idea general y la funcionalidad principal del proyecto de software, los propósitos y objetivos del desarrollo.

La siguiente parte incluye los requerimientos, historias de usuario, épicas, alcances, versionamiento, pruebas, los manuales de usuario, administración e instalación.

En este sentido la IEEE tiene un estándar de referencia 1063-2001 que nos brinda un marco de referencia para establecer qué partes deben conformar cualquier documento que deba ser utilizado por un usuario del sistema o programa en cuestión. Este estándar sólo se aplica para documentar temas de usuario. Para pruebas se tiene el estándar 829 también de la IEEE como una referencia para las pruebas.

La documentación puede contar con diferentes características según la metodología que se utilice, pero es importante mantener la claridad en la misma, evitar ambigüedades y no perder de vista el público para el cuál está dirigida.

La importancia de la documentación es permitir entender el camino por el cuál se llegó a los resultados del proyecto y también nos permite obtener los beneficios para los cuales se creó el proyecto.

¿Qué es un proyecto informático?

Es un sistema de acción simultánea o secuencial donde se incluyen personas, equipamientos de hardware, software y comunicaciones, enfocados en obtener uno o más resultados deseables sobre un sistema de información.

El inicio de un proyecto informático comúnmente está dado en la solicitud de requerimientos de los usuarios, siendo que los diferentes sistemas de información abordan diversos tipos de aplicaciones que necesita cada usuario en sistemas de transacciones, sistemas de soporte para la toma de decisiones, entre otros.

Aquí algunas razones por las que fallan los proyectos:

- No se tiene definido el enunciado o beneficio del negocio al terminar el proyecto.
- Falta de presupuesto para desarrollar el proyecto completo.
- Exceso de burocracia y falta de compromiso de los colaboradores.
- Demasiado ego por parte de los programadores que son en realidad de bajo desempeño.
- Mala definición del alcance.
- Mala capacidad de asimilar los requerimientos.
- No se conoce el objetivo.
- El equipo asignado no viene bien capacitado.
- Planeación inadecuada del tiempo.
- Mala administración.
- Falta de apoyo de la alta dirección.
- Bugs de software cuando se hacen pruebas en producción.
- Flexibilidad en la definición.
- Mal gobierno por parte del cliente.
- No se evalúan bien los cambios de la aplicación.
- Factores externos: desastres naturales, caídas de la red, incompatibilidad tecnológica, etcétera.
- Mala planeación de la liberación a producción.

Algunos aciertos que contribuyen al éxito de los proyectos:

- Definición de tareas en tiempo.
- Dedicación del equipo a las actividades del proyecto.
- Asignación de las actividades y seguimiento.
- Llevar un estándar, marco de trabajo, metodología o una combinación de estos.
- Plan realista.
- Expectativas realistas.
- Clara definición del proyecto, objetivos de negocio y requerimientos.
- Roles y responsabilidades claras.
- Adecuada administración de riesgos y métodos de calidad.
- Control de cambios integrado, incluyendo alcance, cronograma y costos.
- Comunicación efectiva.
- Personal profesional.
- Burocracia mínima.

¿Qué es un acuerdo de trabajo?

Para desarrollar un proyecto es necesario contar con una serie de elementos básicos, entre estos se encuentran dos grupos principales: los interesados en el proyecto y los que desarrollarán el proyecto. El acuerdo de trabajo (*Statement Of Work, SOW*) es un documento utilizado comúnmente en la gestión de proyectos, el cual define actividades, entregas y plazos específicos del proyecto para un proveedor que brinda servicios a un cliente.

La comunicación entre ambos grupos resultará de suma importancia durante todo el ciclo de vida del proyecto, por ello la importancia de la existencia de un acuerdo de trabajo, el cual debe contener:

- El objetivo de negocio del proyecto.
- La descripción del producto a obtener.
- El beneficio que se va a obtener del desarrollo.
- El contexto en el cual se plantea el proyecto, lo que permitirá a la autoridad saber si la propuesta es pertinente en relación con las metas de la organización.

- Las historias de usuario o requerimientos bien definidos.
- Los perfiles de los encargados y cronogramas de tiempo definidos para entregas.
- Los requisitos y riesgos identificados.
- Calendarios de pago.

Si al inicio de la ejecución del proyecto se han previsto las estrategias para llevarlo a cabo tomando en cuenta todas las áreas del conocimiento en el plan del proyecto, se logrará un sentido de dirección y seguridad hacia el logro de los objetivos.

El trabajo de los miembros del equipo ejecutor es esencial para el éxito del proyecto, pues el director de proyectos no puede por sí solo desarrollar todo el trabajo y no siempre contará con todo el conocimiento necesario para llevar a cabo la integración de todas las especialidades. En muchos aspectos, el encargado de proyecto actuará como integrador, liderando los esfuerzos de todos sus colaboradores.

De manera más extensa se puede desarrollar el acuerdo de trabajo como se indica a continuación:

- Objetivo del proyecto
  - Enunciado de proyecto (en lenguaje de negocio, cuál es el beneficio de hacer o utilizar este proyecto).
  - Antecedentes del proyecto (de negocio y técnicos).
  - Identificación de las partes interesadas del proyecto (cliente y proveedor), incluyendo correo electrónico, teléfono, rol y niveles para escalar problemas.
- Alcance del proyecto
  - Requerimientos del proyecto (resumen e historias de usuario).
  - Incluir los criterios de aceptación (de preferencia por historia de usuario).
  - Requisitos para el proyecto (de seguridad, mantenimiento, infraestructura, hardware, software, lugar de desarrollo, culturales, entre otros).
  - Riesgos identificados del proyecto para que puedan ser mitigados por las partes.
  - Elementos fuera del alcance del proyecto (migración de datos, entre otros).
- Planeación del proyecto

- o Plan de tareas y reuniones.
- o Presupuesto por tarea o entregable.
- Entregables
  - o Fechas estimadas de entregables.
  - o Calendarios de pago
- Firma, nombre, puesto, lugar, fecha para el acuerdo (quién hizo, quién lo recibe y autoriza, ya sea el usuario o el cliente).

Es sustancial antes de iniciar cualquier trabajo tener firmado el acuerdo, esto evitará que el usuario y el desarrollador tengan diferencias mayores, recuerde que la parte técnica la revisa el ingeniero, informático o persona técnica encargada del mismo, y la parte legal un abogado.

¿Qué es una estimación?

Es hacer una conjetura sobre el comportamiento futuro de una variable bajo ciertas condiciones. Al ser un término tan general, es preciso utilizarlo y definirlo más a detalle en el campo que nos concierne, es decir, adentrarnos al tema de la estimación de proyectos.

Primeramente es necesario tener en cuenta que las estimaciones en proyectos nunca serán exactas debido a la gran cantidad de variables involucradas, no obstante, al ser una tarea de vital importancia, es necesario que se hagan las mejores estimaciones posibles pues será más factible lograr los objetivos y mejorar la rentabilidad de cualquier proyecto.

Para lograr buenas estimaciones dentro de un proyecto de software es necesario contar con experiencia, una cantidad de datos, información histórica confiable y buenas métricas.
La estimación depende de varios factores, entre ellos:

- Complejidad del proyecto.
- Tamaño del proyecto.
- Conocimiento y experiencia de los colaboradores.
- Estabilidad de los requisitos.
- Facilidad para identificar funciones.
- Estructura de la información.

- Tipo de cliente o usuario.
- Disponibilidad de información histórica de los involucrados en el proyecto.
- Metodología de trabajo.
- Lecciones aprendidas.
- Tipo de proyecto (nuevo, siguiente fase/mejora, heredado).

Estimación de recursos

Los recursos pueden entenderse como personas, componentes de proyectos anteriores, herramientas de software y hardware, entre otros.

Cada recurso se puede especificar con los siguientes elementos:

- Descripción (cuando se trata de personal hay que especificar su posición en la organización y su especialidad).
- Informe de disponibilidad.
- Fecha cronológica en la que se requiere.
- Tiempo en el que será aplicado.

Las estimaciones basadas en metodologías heredadas, en las cuales un líder generalmente asigna un tiempo a un perfil, han mostrado tener un mayor error en la estimación y por consecuencia un mal resultado en los proyectos.

Desde finales del siglo pasado, las metodologías ágiles han permitido que el equipo de trabajo apoye en la estimación del esfuerzo del proyecto informático, lo cual ha permitido atenuar la desviación. El histórico de información de organizaciones con alto nivel de madurez y en las que se manejan métricas, les permite estimar con mayor certeza cualquier proyecto informático.

Apreciación de costos

Si bien, en cualquier proyecto se generan costos tangibles; particularmente en los proyectos informáticos o de software el factor fundamental del costo es el esfuerzo, el cual puede verse como el número de horas hombre necesarias para el desarrollo del proyecto. Dada la naturaleza de este factor, suele haber mucha incertidumbre, ya que a su vez se ve influenciado por factores como la motivación, la experiencia, el nivel de formación y otras características de los miembros del equipo.

Para realizar estimaciones precisas, se han desarrollado técnicas que capturan la relación entre el esfuerzo y las características del personal, los requisitos del proyecto y otros factores que puedan afectar el tiempo y costo del desarrollo de un proyecto. A continuación, enlisto algunas de las más conocidas, que no necesariamente son eficientes:

- Juicio u opinión de expertos: en su forma más simple, se basa en realizar una estimación del esfuerzo a partir de la experiencia y conocimiento de otras personas.
- Tablas de estimación: para poder utilizar esta técnica es necesario que la organización previamente haya ido guardando un registro debidamente documentado a lo largo de su historia.
- Estimación *Top-Down*: en esta estimación se extrae un conjunto de los costos del proyecto a partir de las propiedades generales del producto a desarrollar; de esta manera, el costo total estimado es distribuido entre los distintos componentes. Una desventaja que presenta esta técnica es que pasa por alto pequeños subsistemas que no estén previstos a desarrollar desde un principio.
- Estimación *Bottom-Up*: en esta estimación el costo de cada componente es considerado por un individuo distinto y después esos costos son sumados para conseguir el costo total del producto. Una desventaja que presenta esta técnica es que, al centrarse en los componentes, puede perder de vista otros costos globales como pueden ser la integración, gestión de calidad, entre otros.

Además del romanticismo académico de las anteriores propuestas de estimación, una estimación real comprende al menos:

- Métricas de los participantes en el proyecto.
- Madurez como profesionales de la informática o sistemas.
- Dominio de la tecnología a ocupar.
- Costo de la infraestructura a utilizar.
- Los costos y cargas laborales.
- Los riesgos humanos y no humanos alineados al proyecto.
- Todos los insumos necesarios para el desarrollo del mismo.

En diversos libros del siglo pasado se habla de dimensionamiento en líneas de código, lo cual es desde mi punto de vista obsoleto e inútil, dado que un buen analista o programador utiliza generalmente menos tiempo que un novato; además, el costo de estos es totalmente distinto.

Para hacer una comparación dramática de esto, imagine que necesita que uno de sus seres queridos sea intervenido quirúrgicamente del corazón y tenga las siguientes opciones de médicos para llevar a cabo la cirugía:

- Un investigador con un doctorado en cardiología; máximas calificaciones en su licenciatura, maestría y doctorado; director del departamento de cardiología de una escuela; coordina a todos los becarios y profesores de maestría y licenciatura de cardiología, cuenta con 299 *papers* publicados de su especialidad; recita de memoria todos los libros de cardiología; pero jamás ha realizado una operación a un ser humano vivo.
- Un médico que ha practicado únicamente cirugías de corazón en cadáveres, egresado de la especialidad hace un año y con un promedio de 9.5 en la escuela.
- Un cardiólogo que obtuvo un promedio de 6.5 en la Escuela de Medicina y que ha intervenido quirúrgicamente a 25 personas con problemas del corazón, de las cuales han sobrevivido nueve pacientes.

¿A quién elegiría?

Aunque un sistema informático lo puede desarrollar "cualquiera" que tenga estudios de cómputo, no todos obtendrá un buen resultado del mismo. Las empresas con un personal maduro y experimentado cobra más, también hacen un mejor trabajo y en menor tiempo. Así que en el mundo de sistemas vale más la experiencia en proyecto reales que únicamente el grado académico o la certificación, sin embargo, en áreas donde sólo evalúan la documentación, procurarán entonces solicitar lo que les es más cómodo para sustentar decisiones, mas no resultados.

Productos, usuarios y proyectos

Los requerimientos de un proyecto no son los mismos de un producto, generalmente el resultado de las propiedades funcionales de un software a construir es un producto. En un proyecto hay actividades de requerimientos de infraestructura, de capacitación, niveles de servicio, revisión de políticas, licenciamiento ente muchas otras.

Un producto y proyectos siempre tiene personas interesadas, que más adelante se explicarán con mayor profundidad, como *stakeholders*, sin embargo el más importante es el cliente, quien es un individuo u organización que recibe un beneficio directo o indirecto del producto de software.

No siempre los clientes son los que pagan, pero sí deben ser los que usen, reciban el resultado del producto de software desarrollado. Los usuarios directos siempre operaran nuestro software, los usuarios finales pueden ser aquellos que ocupen directa o indirectamente nuestro producto.

Para obtener un buen resultado de un proyecto o un producto, el analista de negocio debe saber interpretar y generar una historia de usuario de los requerimientos de un cliente, generalmente entiende el leguaje de negocio del usuario final, con lo que se puede delimitar el dimensionamiento, expectativa pero también evitar retrabajos y establecer un criterio de aceptación.

Una sugerencia cuando se desarrolla un proyecto de software, es que el usuario de negocio o usuario directo, defina un enunciado del proyecto global, indicando las principales funcionalidades de alto nivel, esta definición no es técnica, está hecha en lenguaje del negocio en particular del cual se desarrolla el sistema.

Una vez que se tienen un enunciado claro y un resumen global, puede avanzar y generar funcionalidades o características deseadas por el usuario final, las cuales se suelen dividirse en bloques o tareas secuenciales, respondiendo las preguntas de quién, qué y por qué dicha característica debe realizarse, en diversas metodologías a esto le llaman historia de usuario.

Estas historias de usuario pueden ser escritas de una manera sencilla: como <persona o rol> debo ser capaz de <requerimiento funcional a cumplir> de tal forma que <beneficio a obtener>, al tener esto claro, se pueden tener también un criterio de aceptación y cumplimiento de la característica particular.

Como ejemplo de una breve historia de usuario: como administrador del sistema debo ser capaz de dar altas, bajas y cambios de usuarios de tal forma que esté actualizada la información.

Teniendo historias de usuario, ya es factible generar tareas de ciclos de ingeniería de software completos.

Evite cambiar requerimientos, a menos que el usuario apruebe por escrito tanto el tiempo y costo adicional de sus requerimientos adicionales o nuevos, las buenas intenciones no valen, al final alguien paga por el tiempo y uso del cambio, y debe ser el que genera dicho cambio.
Estos posibles cambios también le harán ver los impactos de diversa índole ya sea técnica, humana o social, por lo que es importante y relevante que como ingeniero de software se proponga y genere una cultura de negociación y respeto mutuo de requerimientos entre las partes involucradas.

No tenga temor a cambiar requerimientos en la fase adecuada, siempre y cuando su usuario final y de negocio estén enterados y hayan aceptado, la gente es buena y agradece los ajustes que son en su beneficio, pero no todos entendemos lo mismo al no tener mismos marcos de referencia, siempre hay que enseñarle a nuestro usuario y ser transparentes en intenciones y alcances.

También hay culturas donde los usuarios sienten que ganan cuando el ingeniero de software pierde, ya sea dinero, tiempo o ambos, si este es su caso, aplique la frase popular de: "aléjese y cuénteselo a quien más confianza le tenga".

Considere que todos los proyectos son cambiantes durante el tiempo, por ello la adopción de metodologías ágiles ha ganado tanta aceptación, sin embargo algún novato puede hacer de esto un verdadero fracaso en costo para una parte y una gran ganancia para la otra, en un proyecto de software ambas partes deben ganar.

Cuando su organización es madura, tiene procesos documentados y su usuario es correcto puede hacer estimaciones por entregables funcionales, siendo el mejor escenario para ambas partes.

En contraparte si su organización no es madura, tiene personal novel, su usuario no tiene claridad de lo que busca, su usuario tienen una alta tasa de rotación de personal, no tiene un correcto empoderamiento para la toma de decisiones, mejor trabaje por tiempo y materiales, para ambas partes será benéfico.

Los requerimientos, recuerde, deben ser interpretados de la misma manera sin importar quien los lea, concordando siempre con el autor de los requerimientos.

Un requerimiento ideal debe ser completo y correcto, es decir, contener la información necesaria para que el lector lo entienda y que de manera clara describa la funcionalidad necesaria a construir. Debe ser factible de realizarse, ya sea por el ambiente operativo, fuentes de datos o capacidad técnica del equipo involucrado. Debe ser priorizado y necesario por y para el negocio, finalmente debe ser verificable, no sólo en las pruebas también en el cierre de entregables y finalmente debe ser rastreable, si durante su ciclo de vida se modificó, debe tenerse la evidencia para regresar al punto específico previo deseable de comprobar.

Gestión básica de un proyecto

La importancia de la ingeniería de software

Dado que el software está presente en casi todos los aspectos de nuestra vida y el número de personas interesadas en el mismo ha crecido notablemente, es bueno escuchar diversas opiniones antes de construir una nueva aplicación o sistema, es decir, debe hacerse un esfuerzo concertado para entender el problema antes de desarrollar una aplicación de software.

La complejidad en los requerimientos de tecnología se va haciendo cada vez mayor conforme avanzan los años, teniendo como resultado que los programas de cómputo que antes eran creados por un solo individuo, en la actualidad sean creados por grandes equipos, por lo que es fundamental una atención cuidadosa a las interacciones de todos los elementos del sistema y dar por entendido que el diseño se ha vuelto una actividad crucial.

Los individuos, negocios y gobiernos dependen cada vez más del software para tomar decisiones estratégicas y tácticas, así como para sus operaciones y control cotidianos; si el software falla, se puede experimentar desde un inconveniente menor hasta fallas catastróficas, por tal motivo, el software debe tener alta calidad.

Conforme la base de usuarios y el tiempo de uso de una aplicación crezca, las demandas para adaptarla y mejorarla también crecerán. De manera que el software debe tener facilidad para recibir mantenimiento.

Los aspectos anteriores nos llevan a la conclusión de que debe hacerse ingeniería con el software en todas sus formas y a través de todos sus dominios de aplicación.

Pero la conclusión anterior no sirve de nada si no se tiene clara la definición de ingeniería de software. Más adelante se aborda el tema a detalle[1].

¿Qué es un fallo, peligro, falla, incidente?

Aunque estas palabras suelen ser utilizadas indistintamente, es necesario definirlas para tener muy claras las diferencias entre ellas. A continuación, se presentan algunas definiciones importantes al respecto:

- Fiabilidad: probabilidad de que un componente funcione correctamente en un entorno.
- Fallo: incapacidad de realizar la función que había sido encomendada.
- Falla: equivocación en el diseño o código que permanece de forma latente y puede llegar a provocar un fallo. Dentro del desarrollo de software, todos los fallos ocurren debido a fallas, pero no todas las fallas provocan fallos.

Un accidente conlleva una gran pérdida, mientras que un incidente no es una pérdida grave.
Los peligros son situaciones de riesgo que pueden llevar a un accidente.
Finalmente, un riesgo es el nivel de peligrosidad que puede llevar a un accidente.
Para poder sobrellevar este tipo de situaciones existen muchos tipos de herramientas, por ejemplo, las matrices de riesgo (fortaleza, oportunidad, debilidad, amenaza - FODA), matrices de trazabilidad (rastreabilidad), entre otros.

---

[1] Una lectura que le puede interesar es "The Team Software Process (TSP)" de Watts S. Humphrey, se mantiene vigente en sus conceptos de equipos y gestión de la calidad.

Estimación de riesgos y mitigación

Para poder hacer una estimación de riesgos, primero es necesario identificarlos, esto es, determinar de forma estructurada los riesgos y oportunidades del proyecto.

¿De qué manera podemos hacer la identificación?

Existen diversas formas para poder identificar los riesgos, dependerá del proyecto y de las personas involucradas en él definir cuál será la mejor opción.
A continuación, se mencionan algunas de ellas:

- Lluvia de ideas
- Usar los planes de riesgo de proyectos anteriores
- Pensar en fuente y consecuencia (*If* y *Then*)
- Si es posible, definir el síntoma (*trigger* o gatillo):
    - Manifestaciones indirectas y tempranas de los riesgos detectados permiten actuar con mayor oportunidad.

Todo lo anterior con el objetivo de llegar a una lista larga, "inclusiva" – con la información disponible – sin hacer valoraciones cuantitativas aún.

Los componentes fundamentales del riesgo son la probabilidad y el impacto, ambos están relacionados íntimamente. Para poder simplificar de manera eficiente, se puede hacer una jerarquización sencilla, tener tres niveles para cada componente: bajo, medio y alto.

Una vez teniendo los riesgos identificados y jerarquizados, lo que sigue es atenderlos.

¿De qué manera se debe responder ante estos riesgos?

Hay distintas maneras de abordarlos, la más adecuada dependerá del tipo de proyecto, la organización, el equipo, entre otros factores.

A continuación, se enlistan las diferentes respuestas:
- Evitarlos

- Eliminar completamente la fuente del riesgo al cambiar el plan del proyecto
  - Llevar la probabilidad a cero o el impacto a cero
  - Solo evitar algunos
- Trasladarlos
  - Internamente
  - Seguros
  - Fianzas
  - Subcontratos
  - Outsourcing
- Mitigarlos
  - Cambios estratégicos en metodología de trabajo, herramientas, proveedores, entre otros.
  - Cambios logísticos en algunas actividades
- Aceptarlos
  - Pasiva: no se toma ninguna medida, sólo se tiene un monitoreo regular del riesgo
  - Activa: Se implementa o usa en caso de que el riesgo suceda.
    - Plan de contingencia
    - Reservas o fondos de contingencia
    - Plan B o plan alternativo

Los riesgos nos generan oportunidad de potencia (incremento de la probabilidad) y de compartir.

La clave para afrontar los posibles riesgos en cualquier proyecto es hacer la incorporación del plan de riesgo al plan de proyecto.

Comunicación institucional

Antes de que los requerimientos del cliente se analicen, modelen o especifiquen, deben recabarse a través de la actividad de comunicación.

La comunicación efectiva (entre colegas, técnicos, con el cliente, usuarios, gerentes del proyecto, entre otros) se encuentra entre las actividades más difíciles de afrontar.

A continuación, se presentan algunos temas de la comunicación que son recomendables para aplicar dentro del desarrollo de software:

- Escuchar: centrarse en las palabras del hablante en lugar de formular las respuestas a dichas palabras. Si algo no está claro, preguntar para resolver la duda, pero evitar las interrupciones constantes.
- Antes de comunicarse, prepararse: dedicar algún tiempo a entender el problema antes de reunirse con otras personas. Si es necesario, hacer algunas investigaciones para entender el vocabulario propio del negocio. Si se tiene la responsabilidad de conducir la reunión, preparar una agenda antes de que la reunión tenga lugar.
- Alguien debe facilitar la actividad: toda reunión de comunicación debe tener un líder (facilitador) que:
  - Mantenga la conversación en movimiento hacia una dirección positiva
  - Sea un mediador en cualquier conflicto que ocurra
  - Garantice que se sigan otros principios.
- Es mejor la comunicación cara a cara: pero por lo general funciona mejor cuando está presente alguna otra representación de la información relevante.
- Tomar notas y documentar las decisiones: las cosas encuentran el modo de caer en las grietas. Alguien que participe en la comunicación debe servir como "secretario" y escribir todos los temas y decisiones importantes.
- Perseguir la colaboración: la colaboración y el consenso ocurren cuando el conocimiento colectivo de los miembros del equipo se utiliza para describir funciones o características del producto o sistema. Cada pequeña colaboración sirve para generar confianza entre los miembros del equipo y crea un objetivo común para el grupo.
- Permanecer centrado, hacer módulos con la discusión: entre más personas participen en cualquier comunicación, más probable es que la conversación salte de un tema a otro. El facilitador debe formar módulos de conversación para abandonar un tema sólo después de que se haya resuelto.
- Si algo no está claro, hacer un dibujo: la comunicación verbal tiene sus límites. Con frecuencia, un esquema o dibujo arroja claridad cuando las palabras no bastan para hacer el trabajo.
- En vez de hacer iteraciones sin fin, las personas que participan deben reconocer que hay muchos temas que requieren análisis y que "avanzar" es a veces la mejor forma de tener agilidad en la comunicación:

a. Una vez que se acuerde algo, avanzar
b. Si no es posible ponerse de acuerdo en algo, avanzar
c. Si una característica o función no está clara o no puede aclararse en el momento, avanzar: la comunicación, como cualquier actividad de ingeniería de software, requiere tiempo.

- La negociación no es un concurso o un juego, funciona mejor cuando las dos partes ganan: hay muchas circunstancias en las que se debe negociar funciones y características, prioridades y fechas de entrega. Si el equipo ha colaborado bien, todas las partes tendrán un objetivo común. Aun así, la negociación demandará el compromiso de todas las partes.

¿Qué es calidad, software y madurez?

Como profesionales del software nos debe importar particularmente la calidad de software, según Pressman (2010), la calidad de software se define como proceso eficaz de software que se aplica de manera que crea un producto útil que proporciona valor medible a quienes lo producen y a quienes lo utilizan.

Hay tres puntos importantes a enfatizar al respecto:

- Un proceso eficaz de software establece la infraestructura que da apoyo a cualquier esfuerzo de elaboración de un producto de software de alta calidad. Los aspectos de administración del proceso generan las verificaciones y equilibrios que ayudan a evitar que el proyecto caiga en el caos, contribuyente clave de la mala calidad.
- Un producto útil entrega contenido, funciones y características que el usuario final desea; sin embargo, de importancia similar es que entrega estos activos en forma confiable y libre de errores. Un producto útil siempre satisface los requerimientos establecidos en forma explícita por los participantes.
- Al agregar valor para el productor y para el usuario de un producto, el software de alta calidad proporciona beneficios a la organización que lo produce y a la comunidad de usuarios finales. La organización que elabora el software obtiene valor

agregado porque el software de alta calidad requiere un menor esfuerzo de mantenimiento, menos errores que corregir y poca asistencia al cliente. Esto permite que los ingenieros de software dediquen más tiempo a crear nuevas aplicaciones y menos a repetir trabajos mal hechos. La comunidad de usuarios obtiene valor agregado porque la aplicación provee una capacidad útil en forma tal que agiliza algún proceso de negocios. El resultado final es 1) mayores utilidades por el producto de software, 2) más rentabilidad cuando una aplicación apoya un proceso de negocio y 3) mejor disponibilidad de información, que es crucial para el negocio.

¿Cómo se define el software? De acuerdo con Pressman (2010), una definición genérica de software sería:

- Instrucciones (programas de cómputo) que cuando se ejecutan proporcionan las características, función y desempeño buscados.
- Estructuras de datos que permiten que los programas manipulen en forma adecuada la información.
- Información descriptiva tanto en papel como en formas virtuales que describen la operación y uso de los programas.

A fin de mejorar la comprensión de los puntos anteriores, es importante examinar las características del software que lo hacen diferente de otros objetos que construyen los seres humanos. El software es elemento de un sistema lógico y no de uno físico. Por tanto, tiene características que difieren considerablemente de las del hardware:

- El software se desarrolla o modifica con intelecto; no se manufactura en el sentido clásico.
- El software no se "desgasta".
- Aunque la industria se mueve hacia la construcción basada en componentes, la mayor parte del software se construye para un uso individualizado.

Actualmente, hay siete grandes categorías de software de computadora que plantean retos continuos a los ingenieros de software:

- Software de sistemas: conjunto de programas escritos para dar servicio a otros programas.
- Software de aplicación: programas aislados que resuelven una necesidad específica de negocio. Generalmente, procesan datos comerciales o técnicos en una forma que facilita las operaciones de negocios o la toma de decisiones administrativas o técnicas.
- Software de ingeniería y ciencias: se ha caracterizado por algoritmos "devoradores de números". Las áreas de aplicación son muy diversas.
- Software incrustado: reside dentro de un producto o sistema y se usa para implementar y controlar características y funciones para el usuario final y para el sistema en sí.
- Software de línea de productos: es diseñado para proporcionar una capacidad específica para uso de muchos consumidores diferentes.
- Aplicaciones web: esta categoría de software centrado en redes agrupa una amplia gama de aplicaciones. Han ido evolucionando de sólo proveer características aisladas, funciones de cómputo y contenido para el usuario final, hasta estar integradas con bases de datos corporativas y aplicaciones de negocios.
- Software de inteligencia artificial: hace uso de algoritmos no numéricos para resolver problemas complejos que no son fáciles de tratar computacionalmente o con el análisis directo. Las aplicaciones en esta área incluyen robótica, sistemas expertos, reconocimiento de patrones (imagen y voz), redes neuronales artificiales, demostración de teoremas y juegos.

Respecto a la madurez en cuestión de proyectos, como ya se ha mencionado, existen las metodologías maduras, las cuales son ampliamente utilizadas por diversas empresas ya que están extensamente respaldadas y son reconocidas internacionalmente.

Existen en México algunas metodologías que son copias burdas de otras internacionales, las cuales quizás son ejercicios escolares válidos pero son complicados para aportar valor en el mundo real, bajo entornos competitivos y de requisitos operativos de buen nivel.

¿Cómo mejorar la calidad?

En un buen desarrollo de un proyecto es necesario plantear y seguir estándares y procesos. En este texto, calidad se define como la cantidad de procesos que se siguen adecuadamente. A continuación, veremos algunos estándares referentes a la calidad.

El control de calidad incluye un conjunto de acciones de ingeniería de software que ayudan a asegurar que todo producto del trabajo cumpla sus metas de calidad. Los modelos se revisan para garantizar que están completos y que son consistentes.

El código se inspecciona con objeto de descubrir y corregir errores antes de que comiencen las pruebas. Se aplica una serie de etapas de prueba para detectar los errores en procesamiento lógico, manipulación de datos y comunicación con la interfaz. La combinación de mediciones con retroalimentación permite que el equipo de software sintonice el proceso cuando cualquiera de estos productos del trabajo falla en el cumplimiento de las metas de calidad.

El aseguramiento de la calidad establece la infraestructura de apoyo a los métodos sólidos de la ingeniería de software, la administración racional de proyectos y las acciones de control de calidad, todo de importancia crucial si se trata de elaborar software de alta calidad.

Alineado con este aseguramiento las métricas son cruciales, desde tomar métricas adecuadas a la realidad actual y el modelo de pronóstico que calcule los escenarios de capacidades del proceso, más adelante se aborda con mayor detalle cómo poder hacer algunas métricas.

Desde una perspectiva práctica, la calidad de los proyectos de software se mejora y es continua, cuando se cuenta con personal con atributos de habilidades suaves bien desarrolladas, a diferencia de una fábrica tradicional, los profesionistas del software deben ser conscientes del valor y cuidado que deben realizar.

International Organization for Standardization

Los estándares de la *International Organization for Standardization* (ISO) tienen principios prácticos para su desarrollo, procuran responder siempre a una necesidad de mercado, teniendo en cuenta la opinión de diversos interesados en todo el mundo, los cuales son denominados comités técnicos. Estos comités involucran cámaras, profesionales y académicos, organizaciones no gubernamentales y gobiernos en algunos casos, para finalmente por consenso de los interesados se determine el definitivo.

La ISO, se originó desde 1946 cuando delegados de 25 países reunidos en el Instituto de Ingenieros Civiles de Londres decidieron crear una organización que facilitara la coordinación internacional, y la unificación de estándares industriales, en mis palabras, comenzaron a aplanar el mundo. Su primer operación inició en 1947 con 67 comités técnicos.

El ISO 9000, quizás el más conocido y vendido de sus estándares, se publicó como familia de estándar en 1987, ser parte de estos comités no es difícil, puede acercarse a las cámaras regionales de tecnología en su país, es mucho más sencillo y eficiente, que intentar hacerlo vía los cotos de poder de algunos académicos, en México lo puede hacer por ejemplo a través de la Cámara Nacional de la Industria Electrónica de Telecomunicaciones y Tecnologías de la Información (CANIETI).

ISO 9001

El estándar ISO 9001 es una norma internacional que toma en cuenta las actividades de una organización sin distinción de sector de actividad. Esta norma se concentra en la satisfacción del cliente y en la capacidad de proveer productos y servicios que cumplan con las exigencias internas y externas de la organización. Es la norma más utilizada alrededor del mundo. La norma se centra en todos los elementos de la gestión de la calidad con los que una empresa debe contar para tener un sistema efectivo que le permita administrar y mejorar la calidad de sus productos o servicios.

En 1994 se hace una revisión del estándar ISO 9000 (cada cinco años se revisa por si es necesario hacer alguna actualización) y posteriormente en el año 2000 y se le denomina a partir de esta fecha ISO 9001, podemos verlo de estas formas en su evolución:

- ISO 9001:1987: inicia como propuesta en 1987, está focalizado en la creación de nuevos productos, busca garantizar calidad en el diseño y desarrollo.
- ISO 9002:1987: este busca también garantizar calidad en el diseño y desarrollo, pero para empresas que no crean nuevos productos
- ISO 9003:1987: enfocado en asegurar la calidad de la inspección final del producto, sobre todo en la conformidad de los procedimientos
- ISO 9001:2000: en esta revisión finalmente agregan la dimensión de satisfacción del cliente, para lo cual las organizaciones necesitan tener contacto con el cliente y medir su satisfacción.
- ISO 9001:2008: este se enfoca en su aplicaciones a las ciencias de la computación, de forma breve se puede indicar que comprende: los requerimientos de alcance, referencias normativas, términos y definiciones, sistemas de gestión de la calidad, responsabilidad de la gerencia, desarrollo del producto, métricas, análisis y mejoras
- ISO 9001:2015: en septiembre de 2015 la ISO anuncia una nueva actualización que a continuación se detalla.

Esta norma fue revisada y actualizada en el 2015, no obstante, su objetivo sigue siendo satisfacer al cliente con la conformidad de productos y servicios proporcionados. Tres puntos que se deben resaltar:

- El enfoque en procesos permite a las organizaciones planificar sus procesos e interacciones. Este enfoque incorpora el ciclo *Plan-Do-Check-Act* (PDCA) e integra el pensamiento basado en riesgos
- El pensamiento basado en riesgos para prevenir que sucedan errores y aprovechar oportunidades. Reconociendo así que no todos los procesos tienen el mismo impacto en la capacidad de la organización y en la entrega de productos o servicios.
- Ciclo PDCA. Cada proyecto, misión, proceso y actividad deben de ser gestionadas con este método, permitiendo así

a las organizaciones asegurarse por un lado de que sus procesos cuentan con recursos y sean gestionados adecuadamente, y por otra parte, de que las oportunidades de mejora sean determinadas y de actuar en consecuencia.

La versión 2015 se estructura alrededor de nuevos ejes transversales para los cuales se encuentran exigencias que deben ser satisfechas a todo lo largo de la norma. Esos puntos son liderazgo, el trabajo, los clientes, los recursos, conocimientos y competencias, riesgos y oportunidades, externalización de los procesos, desempeño y mejora.

La estructura de la norma es la siguiente:

- Objeto y campo de aplicación
- Referencias normativas
- Términos y definiciones
- Contexto de la organización
- Liderazgo
- Planificación
- Apoyo
- Operación
- Evaluación del desempeño
- Mejora

ISO 9126 Factores de la calidad

El estándar ISO 9126 se desarrolló con la intención de identificar los atributos clave del software de cómputo. Este sistema identifica seis atributos clave de la calidad:

- Funcionalidad: grado en el que el software satisface las necesidades planteadas según las establecen los atributos de adaptabilidad, exactitud, interoperabilidad, cumplimiento y seguridad.
- Confiabilidad: cantidad de tiempo que el software se encuentra disponible para su uso, según lo indican los atributos de madurez, tolerancia a fallas y recuperación.

- Usabilidad: grado en el que el software es fácil de usar, según lo indican los atributos de entendible, aprendible y operable.
- Eficiencia: grado en el que el software emplea óptimamente los recursos del sistema, según lo indican los atributos de comportamiento del tiempo y de los recursos.
- Facilidad de recibir mantenimiento: facilidad con la que pueden efectuarse reparaciones al software, según lo indican los atributos de analizable, cambiable, estable y susceptible de someterse a pruebas.
- Portabilidad: facilidad con la que el software puede llevarse de un ambiente a otro según lo indican los atributos de adaptable, inestable, conformidad y sustituible.

Igual que otros factores de la calidad del software, los factores ISO 9126 no necesariamente conducen a una medición directa. Sin embargo, proporcionan una base útil para hacer mediciones indirectas y una lista de comprobación excelente para evaluar la calidad del sistema. Cabe mencionar que al ser métricas internas las del ISO 9126 se aplican a productos de software no ejecutables; además, presenta una serie de ejemplos sobre métricas que pueden ser aplicadas y un marco de trabajo para realizar métricas, a un producto de software particular.

Administración del tiempo.

La administración del tiempo es uno de los recursos más apreciados. No obstante, se trata de un bien que no se puede ahorrar, sino que pasa, no retrocede y es imposible de recuperar. Si se malgasta, se derrocha algo muy valioso. Para aprender a valorar el tiempo y a planificar tanto a corto como a medio y largo plazo se necesita:
- Identificar metas, objetivos y prioridades.
- Conocer las prácticas habituales en cuanto a la organización y planificación del tiempo.
- Conocer el ciclo vital de trabajo y adaptar la planificación del tiempo.
- Seleccionar las estrategias más idóneas para alcanzar las metas, los objetivos y las prioridades.

El *PMBOK* recomienda aplicar siete procesos consecutivos para poder estar en condiciones de llevar a cabo una gestión del tiempo óptima. A continuación, se detallan:

1. Gestión del cronograma: establece las políticas, procedimientos y documentación que es necesario recopilar para la planificación, ejecución y control de la programación del proyecto. Este proceso proporciona orientación y dirección acerca de la forma en que se gestionará el cronograma del proyecto a lo largo de todo su ciclo de vida.

   - Puede llevarse a cabo mediante técnicas analíticas, complementadas con reuniones y el juicio experto del propio Director de Proyecto.
   - Debe resultar en la creación del plan de gestión del cronograma de proyecto, un documento esencial para la gestión del tiempo

2. Definición de actividades: con este paso, se busca identificar y documentar las acciones concretas que será necesario realizar para producir los entregables del proyecto. Es el momento de dividir las actividades que constituyen la base del proyecto.

   - Para completar este proceso es importante dominar la técnica de la estructura de descomposición del trabajo, cuya elaboración deberá enriquecerse con la aportación del punto de vista de representantes de los equipos de trabajo involucrados en su ejecución.

   - De este proceso se extraerán una lista de actividades, otra de hitos y un compendio que recoja las características y atributos de cada una de las actividades.

3. Concatenación de actividades: define las relaciones entre las distintas actividades del proyecto, estableciendo para ello la secuencia lógica de trabajo que garantiza la mayor eficiencia y teniendo en cuenta todas las restricciones del proyecto.

   - Hace falta conocer las dependencias y tener una buena capacidad de previsión de las áreas más susceptibles de sufrir retrasos o adelantos.

- Debe culminar con la confección de un diagrama de red que represente el cronograma de proyecto, tras haber actualizado toda la documentación que así lo requiera.

4. Estimación de recursos necesarios para cada actividad: se trata de hacer una aproximación, lo más precisa posible, del tipo y cantidad de recursos necesarios para llevar a cabo cada actividad. Para completar este proceso es preciso identificar no sólo la clase y volumen de recursos que se emplearán, sino también sus principales características, ya que así se minimiza el riesgo relativo al cálculo de costes y duración.

   - En este punto puede servir de gran ayuda la incorporación de algún tipo de software específico para la gestión de proyectos.

   - En base a todos los recursos disponibles se han de determinar los requisitos que conlleva cada actividad y se tiene que elaborar la estructura de descomposición de los recursos aplicables a cada tarea.

5. Estimación de la duración de cada actividad: ofrece una visión muy clara del número de períodos de trabajo necesarios para completar las actividades individuales con los recursos estimados. Estos cálculos proporcionan la información suficiente para conocer la cantidad de tiempo que cada actividad requiere para completarse.

   - Entre los métodos más usados para realizar estas estimaciones se encuentran el de la estimación análoga, la paramétrica o la de los tres puntos; aunque el análisis de reservas o la aplicación de técnicas de toma de decisiones grupales también suelen dar buenos resultados.

6. Desarrollo del cronograma de proyecto: que se lleva a la práctica analizando cada secuencia de actividades, sus duraciones, los requisitos aplicables a los recursos y, por supuesto, también las restricciones. Una vez completado debe mostrar las fechas previstas para completar todas las actividades del proyecto que en él se recogen.

- Tras el análisis y la aplicación de técnicas de modelado y optimización de recursos, se pueden poner en práctica métodos de gestión de proyectos como el del camino crítico o el de la cadena crítica. Dependiendo del tamaño del proyecto es frecuente también, llegados a esta etapa, el aplicar técnicas de compresión.
- Es fundamental no retrasar más la tarea de actualización de documentos y herramientas.

7. Control del cronograma: sienta las bases necesarias para facilitar el seguimiento y control del estado de las actividades del proyecto. Además, sirve para actualizar el avance del proyecto y gestionar cambios en la línea base del cronograma que permita ganar ajuste con lo dispuesto en la planificación. La función más importante de este proceso es proporcionar los medios para identificar desviaciones de forma prematura, estando en disposición de plantear las acciones correctoras o preventivas necesarias.

- En este último de los procesos de gestión del tiempo de proyecto no es extraño aplicar técnicas de pronóstico que permitan una mayor capacidad de reacción y un margen de tiempo extra para la planificación y la elaboración de un plan de contingencia.

Culminar los siete procesos que sirven para optimizar la gestión del tiempo de un proyecto es la forma de aumentar las posibilidades de éxito, ya que esta planificación es la mejor ruta posible. El nivel de actualización que se consigue gracias a la aplicación de los procedimientos citados y la capacidad de control que se gana, son las mejores herramientas para poyar la gestión del Director de Proyecto y minimizar el riesgo.

Estimaciones de proyectos de software

Existen técnicas útiles para estimación de tiempo y esfuerzo. Las experiencias pasadas de las personas involucradas pueden ayudar conforme se desarrollen y revisen las estimaciones. Éstas tienden los cimientos de todas las acciones de planificación del proyecto, y la planificación del proyecto ofrece el mapa de caminos para la ingeniería de software exitosa.

La estimación de recursos, costo y calendario para un proyecto de software requiere experiencia, acceso a buena información histórica (métricas) y un compromiso con las predicciones cuantitativas cuando todo lo que existe es información cualitativa. La estimación porta un riesgo inherente, y éste conduce a incertidumbre.

La complejidad del proyecto tiene un fuerte efecto sobre la incertidumbre inherente a la planificación. Sin embargo, la complejidad es una medida relativa que es afectada por la familiaridad con el esfuerzo pasado.

El tamaño del proyecto es otro factor importante que puede afectar la precisión y la eficacia de las estimaciones. Conforme aumenta el tamaño, la interdependencia entre varios elementos del software crece rápidamente. La descomposición del problema, un importante enfoque de la estimación, se vuelve más difícil porque el refinamiento de los elementos del problema todavía puede ser formidable.

El grado de incertidumbre estructural también tiene un efecto sobre el riesgo de estimación.
En este contexto, estructura se refiere al grado en el cual se solidificaron los requisitos, la facilidad con la que se dividieron las funciones y la naturaleza jerárquica de la información que debe procesarse.

La disponibilidad de información histórica tiene una fuerte influencia sobre el riesgo de estimación. Al mirar hacia atrás, puede emular las cosas que funcionaron y mejorar las áreas donde surgieron problemas. Cuando hay disponibles métricas de software exhaustivas para proyectos anteriores, pueden hacerse estimaciones con mayor precisión, así como establecerse calendarios para evitar las dificultades pasadas y reducir el riesgo global.

El riesgo de estimación se mide por el grado de incertidumbre en las estimaciones cuantitativas establecidas para recursos, costos y calendario. Tanto el planificador como el cliente deben reconocer que la variabilidad en los requisitos del software significará igualmente variabilidad en cuanto a costo y calendario.

Con las metodologías ágiles si bien, este punto no cambia, ante el cliente nunca estaremos atrasados puesto que la estrecha comunicación permitirá que el cliente comprenda el alcance de los cambios solicitados y lo que conlleva el efectuar los mismos.

La estimación de los recursos requeridos es vital para cualquier proyecto de software. Las tres principales categorías de los recursos de la ingeniería de software son:

1. Personal
2. Entorno
3. Software reutilizable

Cada recurso se especifica con cuatro características:

- Descripción del recurso
- Un enunciado de disponibilidad
- Momento en el que se requerirá del recurso
- Duración del tiempo que se aplicará el recurso

Adicionalmente, una estimación vital es la del costo y esfuerzo. A pesar de que múltiples variables pueden afectar el costo final del software y el esfuerzo aplicado para su desarrollo, hay algunas opciones para lograr estimaciones confiables. A continuación, se enlistan:

- Retrasar la estimación hasta avanzado el proyecto.
- Basar las estimaciones en proyectos similares que ya estén completos.
- Usar técnicas de estimación relativamente simples.
- Usar uno o más modelos empíricos.

Sin embargo, las opciones anteriores no necesariamente son efectivas, pues hay que recordar que cada opción de estimación de software sólo será tan buena como los datos históricos utilizados para generar la estimación. Si no existen datos históricos, el cálculo descansa sobre un cimiento muy inseguro.

¿Qué es un riesgo?

En el contexto de la ingeniería de software, al riesgo podemos conceptualizarlo de acuerdo con algunas observaciones de Pressman (2010):

- El futuro es su preocupación: ¿Qué riesgos pueden hacer que el proyecto de software salga defectuoso?
- El cambio es lo que preocupa: ¿Cómo afectan en el cronograma y en el éxito global los cambios que puede haber en los requerimientos del cliente, en las tecnologías del desarrollo, en los entornos y en todas las entidades conectadas al proyecto?
- Se debe lidiar con las opciones: ¿Qué métodos y herramientas deben usarse, cuántas personas deben involucrarse, cuánto énfasis es "suficiente" poner en la calidad?

Un riesgo es un problema potencial, puede ocurrir o puede no ocurrir. Pero sin importar el resultado, es una buena idea identificarlo, valorar su probabilidad de ocurrencia, estimar su impacto y establecer un plan de contingencia en caso de que el problema realmente ocurra.

Los riesgos siempre involucran dos características:

- Incertidumbre: no hay riesgos cien por ciento probables
- Pérdida: si el riesgo se vuelve una realidad, ocurrirán consecuencias o pérdidas no deseadas.

Cuando se consideran riesgos es importante cuantificar el nivel de incertidumbre y el grado de pérdidas asociados con cada riesgo. Para lograr esto, se consideran diferentes categorías de riesgo:

- Los riesgos del proyecto: amenazan el plan del proyecto, es decir, si los riesgos del proyecto se vuelven reales, es probable que el calendario del proyecto se deslice y que los costos aumenten.
- Los riesgos técnicos: amenazan la calidad y temporalidad del software que se va a producir. Si un riesgo técnico se vuelve

una realidad, la implementación puede volverse difícil o imposible.

- Los riesgos empresariales: amenazan la viabilidad del software que se va a construir y con frecuencia ponen en peligro el proyecto o el producto. Se tienen cinco principales riesgos empresariales, los cuales son riesgo de mercado, riesgo estratégico, riesgo de ventas, riesgo administrativo, riesgo presupuestal.

Estimación de riesgo

La estimación de riesgo intenta calificar cada riesgo en dos formas: 1) la posibilidad o probabilidad de que el riesgo sea real, y 2) las consecuencias de los problemas asociados con el riesgo, en caso de que ocurra.

Los cuatro pasos de proyección de riesgo son:

1. Establecer una escala que refleje la probabilidad percibida de un riesgo.
2. Delinear las consecuencias del riesgo.
3. Estimar el impacto del riesgo sobre el proyecto y el producto.
4. Valorar la precisión global de la proyección del riesgo de modo que no haya malos entendidos.

La intención de estos pasos es considerar los riesgos de manera que conduzcan a una priorización. Ningún equipo de software tiene los recursos para abordar todo riesgo posible con el mismo grado de rigor. Al priorizar los riesgos es posible asignar recursos donde tendrán más impacto.

Tres valores afectan las probables consecuencias si ocurre un riesgo: su naturaleza, su ámbito y su temporización. La naturaleza del riesgo indica los problemas probables si ocurre. El ámbito de riesgo combina la severidad ¿Cuán serio es? con su distribución global ¿Cuánto del proyecto se afectará o cuántos participantes se dañarán? Finalmente la temporización de un riesgo considera cuándo y por cuánto tiempo se sentirá el impacto.

La exposición al riesgo global (ER), se puede determinar usando la siguiente relación:

$$ER = P \times C$$

Donde P es la probabilidad de ocurrencia para un riesgo y C es el costo para el proyecto si ocurre el riesgo.

Durante las primeras etapas de la planificación del proyecto, un riesgo puede enunciarse de manera muy general. Conforme pasa el tiempo y se aprende más acerca del proyecto y de los riesgos, es posible refinar el riesgo en un conjunto de riesgos más detallados, cada uno un poco más sencillo de mitigar, monitorear y manejar.

Una forma de hacer esto es representar el riesgo en formato "condición-transición-consecuencia" (CTC). Es decir, el riesgo se enuncia en la forma siguiente:

Dado que <condición> entonces hay una preocupación porque (posiblemente) <consecuencia>.

Verificación y validación

Comúnmente son utilizadas como sinónimos, sin embargo no son lo mismo:

- Verificación: el proyecto se cumplió entregando un producto funcional según los requerimientos.
- Validación: el proyecto se cumplió entregando un producto funcional según lo que el cliente realmente quería.

Como se mencionó anteriormente, una buena definición y toma de requerimientos facilitará la verificación y validación.

Minutas de trabajo

Para que una reunión sea productiva debe cumplir con ciertos requisitos y estructura, una forma de manejar este tiempo y esfuerzo de manera que valga la pena es a través de las minutas.

La minuta es una herramienta valiosa ya que documenta, sirve de referencia y compromete a los indicados en los acuerdos discutidos y acordados durante la reunión de trabajo.

Para simplificar, aliviar y lograr un balance de lo relevante y lo importante, aquí algunas indicaciones en cuanto a la estructura y los elementos que deben observarse.

Elementos:

- Datos de la minuta: debe registrarse la fecha, lugar, hora, participantes (los que asistieron y los que no pudieron asistir), el nombre de la persona que moderó o dirigió la reunión y la persona que fungió como secretario de la minuta.
- Agenda: se refiere a la descripción de los puntos acordados para discutir en esa reunión de trabajo.
- Temas discutidos: en esta sección se documentarán las acciones discutidas durante la mesa de trabajo.
- Acciones a tomar: Durante las discusiones se espera que existan acciones a tomar para lograr la culminación de una actividad. No solamente se espera la identificación de las tareas, sino asignar el o los responsables de estas tareas y acordar el tiempo asignado para la ejecución de la tarea tomando en cuenta el esfuerzo, la complejidad y la prioridad de esa tarea.

Respecto a los temas discutidos, a continuación, se darán algunas recomendaciones:

- No es necesario una lista exhaustiva o detallada de la discusión. Concéntrese en el tema principal (puede referirse al punto de la agenda o un tópico específico como punto de referencia).

- De lograrse un acuerdo trate de describir como fue logrado: votación, consenso o intenso debate. Esto intenta ofrecer una referencia y/o contexto de la situación.
- Describa cuál es el acuerdo, logro o compromiso. Indique una fecha si eso aplica.
- En caso de no lograrse un acuerdo, indique si requiere más discusiones, si requiere de una consulta, entre otros.
- Si el asunto o tema a discutir es parte de un análisis, presentación o informe realizado por uno de los participantes, puede indicar la descripción del tópico a presentar y preguntar si ese informe será publicado o entregado a los participantes. Es posible que la información del tópico sea parte de la documentación a entregar durante o después de la reunión.
- Si hay algún punto de la agenda que no pudo discutirse por razones de tiempo u otro motivo debe indicarlo en esta sección.

Para la parte de acciones a tomar, se pueden considerar las siguientes opciones:

- Número asignado a la tarea: esto puede ser de mucha utilidad cuando la lista de acciones es extensa y requiere de una referencia para manejo fácil de la secuencia de tareas.
- Esto puede indicar en qué estatus se encuentra la asignación: algunos de ellos pueden ser 'nuevo', 'retrasado', 'en progreso', entre otros.

Finalmente, algunas recomendaciones generales:

- Una vez concluida la reunión de trabajo, la minuta debe realizarse inmediatamente y debe ser entregada a los participantes (incluyendo los ausentes) en un período de 48 horas hábiles, esto con la intención de que la revisión del documento se realice en un período corto así como el compromiso formal de las tareas encomendadas.
- Una vez recibida la minuta los participantes deben revisarla y en caso de no estar de acuerdo con una observación o considerar que no refleja lo discutido deberá comunicarse a

la persona que elaboró la minuta con el objeto de discutirla, revisarla y actualizarla si aplica el caso.

- Recuerde que la importancia de la minuta se basa en la documentación de lo acordado y discutido. Esta documentación puede ser usada para:
  - ○ Revisar lo discutido y acordado en un momento determinado por alguna de las partes.
  - ○ Servir de documentación a futuro o como referencia en el presente.
  - ○ Seguimiento a las tareas asignadas.

Planeación de proyectos.

Establecer las líneas fundamentales de un proyecto implica además de considerar el esfuerzo en horas hombre, puntos de complejidad, historias de usuario o forma que haya integrado a su estimación, el poder identificar las rutas críticas o las dependencias básicas dentro del proyecto.

Los proyectos tienen generalmente recursos finitos, en lo material, temporal y humano; lograr identificar las dependencias o actividades relevantes permite enfocar, como riesgo, las áreas de oportunidad del proyecto de manera proactiva.

Presentamos dos herramientas base para esta actividad, las cuales sirven de fundamento en concepto para entender muchas otras.

Diagrama de Gantt.

El diagrama de Gantt es una herramienta que permite modelar la planificación de las tareas necesarias para la realización de un proyecto, fue inventada por Henry L. Gantt en 1917.

Debido a la relativa facilidad de lectura de los diagramas de Gantt, esta herramienta es utilizada por casi todos los encargados de proyecto en diversos sectores ya que permite una representación gráfica y sencilla del progreso del proyecto.

En un diagrama de Gantt, cada tarea es representada por una línea, mientras que las columnas representan los días, semanas o meses del programa, dependiendo de la duración del proyecto.

El tiempo estimado para cada tarea se muestra a través de una barra horizontal y cuyo extremo izquierdo determina la fecha de inicio prevista y el extremo derecho determina la fecha de finalización estimada, dependiendo de cada caso, las tareas pueden ir de manera secuencial o de manera simultánea.

Ventajas:

- Fácil de construir
- Fácil de entender
- Útil como una herramienta de planeación
- Práctico para reportes ejecutivos

Desventajas:

- No distingue actividades críticas

Método de ruta crítica

El método de ruta crítica (*Critical Path Method*, CPM) está basado en la teoría de redes, diseñado para facilitar la planificación y control de proyectos. El objetivo principal es determinar la duración de un proyecto, entendiendo éste como una secuencia de actividades relacionadas entre sí, donde cada una de las actividades tiene una duración estimada. El resultado final del CPM será un cronograma para el proyecto, en el cual se podrá conocer la duración total del mismo, y la clasificación de las actividades según su criticidad.

El principal supuesto de CPM es que las actividades y sus tiempos de duración son conocidos, es decir, no existe incertidumbre. Este supuesto simplificador hace que el método sea fácil de usar.

Una ruta es una trayectoria desde el inicio hasta el final de un proyecto, teniendo así que la longitud de la ruta crítica es igual a la trayectoria más grande del proyecto. Cabe destacar que la duración de un proyecto es igual a la ruta crítica.

Para utilizar este método se necesita seguir los siguientes pasos:
- Definir el proyecto con todas sus actividades o partes principales.
- Establecer relaciones entre las actividades. Decidir cuál debe comenzar antes y cuál debe seguir después.
- Dibujar un diagrama conectando las diferentes actividades con base en sus relaciones de precedencia.
- Definir costos y tiempo estimado para cada actividad.
- Identificar la trayectoria más larga del proyecto, siendo ésta la que determinará la duración del proyecto (Ruta Crítica)
- Utilizar el diagrama como ayuda para planear, supervisar y controlar el proyecto.

Por simplicidad y para facilitar la representación de cada actividad, frecuentemente se utiliza la siguiente notación:

Ilustración 1 Graficación de un nodo de Gantt.

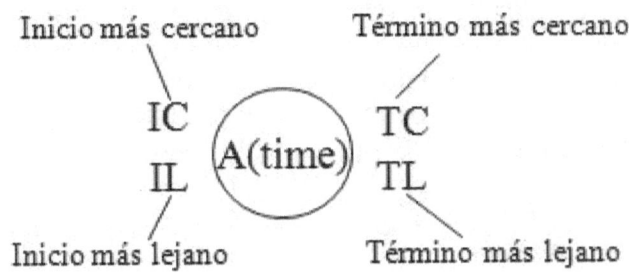

- IC: fecha de inicio más cercano, lo más pronto que puede comenzar la actividad.
- TC: fecha de término más cercano, lo más pronto que puede terminar la actividad.
- IL: fecha de inicio más lejano, lo más tarde que puede comenzar la actividad sin retrasar el término del proyecto.
- TL: fecha de término más lejano, lo más tarde que puede terminar la actividad sin retrasar el término del proyecto.

Adicionalmente se define el tiempo de *Holgura* para cada actividad que consiste en el tiempo máximo que se puede retrasar el comienzo de una actividad sin que esto retrase la finalización del proyecto. La holgura de una actividad se puede obtener con la siguiente fórmula:

$$Holgura = IL - IC = TL - TC$$

Técnica de revisión y evaluación de programas

La Técnica de revisión y evaluación de programas (*Project Evaluation and Review Techniques*, PERT) es un modelo de seguimiento y gestión, representado con una red compuesta por las distintas tareas de un proyecto y sus respectivos plazos. Está planteado para visualizar la importancia de las labores interconectadas, y gracias a esta característica resulta una herramienta especialmente valiosa para gestionar proyectos complejos a largo plazo y en los que interactúan muchos actores.

Es de mucha ayuda en la clarificación de los plazos y la evolución de aquellas tareas que se lleven a cabo de forma simultánea. Su objetivo es la integración.

Para utilizar este método primero se deben tener claros algunos aspectos; a continuación se detallan:

- Está compuesto por nodos que se conectan a través de líneas continuas, las cuales corresponden a las actividades del proyecto y contienen una variable que es el tiempo estimado de ejecución.
- Sólo hay un vértice de inicio y otro final. Estos dos puntos son los que marcan el principio y el desenlace del proyecto.
- Además del tiempo estimado para realizar una tarea, cada actividad puede ir acompañada de otras variables: la duración esperada, el tiempo de inicio y de final más temprano, y la holgura.

Diferencias entre CPM y PERT

PERT:

- Es probabilístico, la variable del tiempo es desconocida y sólo se tienen datos estimados al respecto. El tiempo estimado de finalización es la suma de todos los tiempos esperados de las actividades de la ruta crítica.
- Suponiendo que la distribución de los tiempos de las actividades es independiente, la varianza del proyecto es la suma de las varianzas de las actividades en la ruta crítica.
- Sus tres tiempos estimativos son el más probable, el tiempo optimista y el tiempo pesimista.

CPM:

- Añade el concepto de costo sobre el formato PERT.
- Es determinístico, considera que los tiempos de las actividades son conocidas y puede variar dependiendo del nivel de recursos utilizados.
- Considera tiempos normales y acelerados de una determinada actividad según la cantidad de recursos implicados en el mismo.

Similitudes:

- En ambos métodos se identifican las actividades y la cantidad de tiempo disponible para los retardos. En ambos métodos se muestran las fechas de inicio y de fin de cada elemento.
- Sirven como herramienta para controlar y monitorear el progreso del proyecto.
- La planeación en redes comprende la elaboración de una gráfica de elementos y actividades, los cuales constituyen el proyecto, muestran las secuencias e interrelaciones necesarias y determinan la ruta crítica, así como la secuencia de eventos que llevan a la finalización del proyecto.

Fases de un proyecto heredado o tradicional

Sin importar el tipo de proyecto desarrollado, existen periodos de tiempo en donde se realizan actividades específicas, relacionadas de manera lógica, logrando con ellas un avance progresivo. A estos lapsos temporales se les denominan fases de desarrollo. Lo anterior se incluye también para los proyectos de software, en los que es preciso definirlas y delimitarlas, y que en conjunto constituyen al ciclo de vida del proyecto en cuestión.

A continuación, se explica a mayor detalle la metodología tradicional sustentada en lo indicado por el *PMBOK*.

Las fases son comúnmente utilizadas cuando es necesario desarrollar algún nuevo producto, y su aplicación culmina generalmente con un entregable importante. Asimismo, una fase puede estar enfocada a procesos muy específicos, sin embargo, normalmente será necesario aplicar no sólo unos cuantos, sino la mayoría de los procesos para cada una de las fases.

Gracias a las fases, se puede segmentar el trabajo en subconjuntos lógicos para mejorar su gestión, control y monitoreo, y pese a que el número de fases que se requieren para la elaboración de algún proyecto varía, dependiendo de las necesidades del mismo, existen algunas características comunes en todos los proyectos de ingeniería de software.

Dentro de estas cualidades se enlista que para cada fase: el trabajo tiene un enfoque diferente y a menudo involucra a equipos y sectores de la organización distintos; del mismo modo, los objetivos o entregables que se buscan para el final de esta son únicos, por ello los grupos de desarrolladores y de procesos aplicables pueden cambiar; su cierre termina cuando se genera un entregable de la misma. En este punto es buen momento para realizar una revisión general de las actividades en curso, conocido también como revisión de etapa; en muchos casos, será necesario que su finalización sea aprobada para darla por cerrada.

Además, por la naturaleza y la gestión de un proyecto, las fases de desarrollo utilizadas por diferentes organizaciones tienden a ser dispares, e incluso en una misma organización, estas varían dependiendo del producto que se busca elaborar.

¿Quién es un líder de proyecto?

En las metodologías tradicionales se ha mantenido a un líder de proyecto, persona encargada de administrar un proyecto desde que inicia hasta que se completa, y ésta no necesariamente conoce o domina de la tecnología utilizada durante el proyecto en cuestión, de hecho, es uno de los errores más comunes dentro de la informática, poner como líderes a personas con certificación en alguna metodología, pero sin experiencia en la tecnología en desarrollo, lo cual es similar a colocar a un capataz ganadero a dirigir una orquesta.

Las viejas metodologías han dejado muchas enseñanzas conforme a sus errores, que no siempre son propias de la metodología, pero sí del ser humano que las "implementa".

Tradicionalmente un líder de proyecto tiene entre sus responsabilidades las siguientes labores:

- El desarrollo del plan del proyecto.
- La identificación de los requerimientos y el alcance del proyecto.
- Mantener una buena comunicación.
- La administración de los recursos humanos y materiales.
- El control de tiempos.
- Identificación y control de riesgos.
- Administración de los costos, presupuesto, aseguramiento de la calidad, reportes y evaluación del desempeño del proyecto.

Un líder de proyecto siempre debe mantenerse enfocado en asegurar que el proyecto se termine en el tiempo y presupuesto planeado, aceptando los cambios que el usuario proponga con su concerniente ajuste en tiempo y costo.

Algunas de las cualidades necesarias para poder desempeñarse como un buen líder de proyectos son las siguientes:

- Conocimientos técnicos reales y específicos del proyecto que desarrolla.
- Habilidades gerenciales tradicionales.
    o Organización.
    o Toma de decisiones.
    o Relaciones interpersonales.
    o Establecimiento de objetivos.
- Habilidades interpersonales.
    o Liderazgo.
    o Motivación.
    o Comunicación efectiva.
    o Resolución de problemas.
    o Negociación y gestión de conflictos.
    o Capacidad de influencia en la organización.

Algunos aspectos importantes que se deben tener en cuenta:

- El rol de líder de proyecto siempre deberá ser confirmado por la alta dirección por mérito, no por compadrazgo.
- Autoridad formal, la cual se le da al ser nombrado líder, e informal al ser reconocido por los demás miembros del equipo.
- Su elección debe ser lo más temprana posible en el proyecto.
- Basado en un balance de conocimientos técnicos y habilidades administrativas y humanas.

¿Qué es una métrica de software?

Antes de definir directamente una métrica de software es importante hacer una distinción entre tres términos comúnmente asociados entre sí:

- La *medición* es el proceso por el cual los números o símbolos son asignados a atributos o entidades en el mundo real tal como son descritos de acuerdo a reglas claramente definidas.
- Una *medida* proporciona una indicación cuantitativa de extensión, cantidad, dimensiones, capacidad y tamaño de algunos atributos de un proceso o producto (Pressman, 2010).
- Finalmente, el *Standard Glossary of Software Engineering Terminology* define como *métrica* una medida cuantitativa del grado en que un sistema, componente o proceso posee un atributo dado.

De acuerdo con Pressman (2010), una métrica de software relaciona de alguna forma las medidas individuales, por ejemplo, el número promedio de errores que se encuentran por revisión o el número promedio de errores que se encuentran por unidad de prueba.

Un ingeniero de software recolecta medidas y desarrolla métricas para obtener indicadores. Un indicador es una métrica o combinación de métricas que proporcionan comprensión acerca del proceso de software, el proyecto de software o el producto en sí, lo cual permite hacer mejor las cosas.

Aunque se han propuesto decenas de medidas de complejidad, cada una toma una visión un poco diferente de lo que es y de qué atributos de un sistema conducen a esa complejidad; de manera que resulta difícil establecer métricas generales.

Veamos primero los principios básicos de medición. Algunos autores han sugerido un proceso de medición que puede caracterizarse mediante cinco actividades:

- Formulación: la derivación de medidas y métricas de software apropiadas para la representación del software que se está construyendo.
- Recolección: mecanismo que se usa para acumular datos requeridos para derivar las métricas formuladas.
- Análisis: el cálculo de métricas y la aplicación de herramientas matemáticas.

- Interpretación: evaluación de las métricas resultantes para comprender la calidad de la representación.
- Retroalimentación: recomendaciones derivadas de la interpretación de las métricas del producto.

Las métricas de software serán útiles sólo si se caracterizan efectivamente y si se validan de manera adecuada. Los siguientes principios son representativos para la caracterización y validación de métricas:

- Una métrica debe tener propiedades matemáticas deseables, es decir, el valor de la métrica debe estar en un rango significativo. Además, una métrica que intente estar en una escala racional no debe constituirse de componentes que sólo se miden en una escala ordinal.
- Cuando una métrica representa una característica de software que aumenta cuando ocurren rasgos positivos o que disminuye cuando se encuentran rasgos indeseables, el valor de la métrica debe aumentar o disminuir de la misma forma.
- Cada métrica debe validarse de manera empírica en una gran variedad de contextos antes de publicarse o utilizarse para tomar decisiones. Una métrica debe medir el factor de interés, independientemente de otros factores. Debe "escalar" a sistemas más grandes y funcionar en varios lenguajes de programación y dominios de sistema.
- La métrica debe tener siempre un impacto financiero positivo o de beneficio para el usuario o empresa que la ocupa, si no es así, no sirve la métrica y es posiblemente un mero ejercicio aritmético burocrático.

Se han propuesto muchas métricas para software, no obstante, mientras algunas demandan una medición muy compleja, otras son muy particulares y otras más violan las nociones intuitivas básicas de lo que realmente es el software de calidad, dado que se realizan por académicos o analfabetos funcionales del desarrollo de proyectos de software.

Ejiogu (1991) define un conjunto de atributos que deben abarcar las métricas de software efectivas. La métrica derivada y las medidas que conducen a ella deben ser:

- Simple y calculable: debe ser relativamente fácil aprender cómo derivar la métrica y su cálculo no debe demandar esfuerzo o tiempo excesivo.
- Empírica e intuitivamente convincente: debe satisfacer las nociones intuitivas del ingeniero acerca del atributo de producto que se elabora.
- Congruente y objetiva: siempre debe producir resultados que no tengan ambigüedades. Una tercera parte independiente debe poder derivar el mismo valor de métrica usando la misma información acerca del software.
- Constante en su uso de unidades y dimensiones: el cálculo matemático de la métrica debe usar medidas que no conduzcan a combinaciones extrañas de unidades.
- Independiente del lenguaje de programación: debe basarse en el modelo de requerimientos, el modelo de diseño o la estructura del programa en sí. No debe depender de los caprichos de la sintaxis o de la semántica del lenguaje de programación.
- Un mecanismo efectivo para retroalimentación de alta calidad: debe proporcionar información que pueda conducir a un producto final de mayor calidad.

Para procesos maduros de capacidad de desarrollo de software, el poder medir adecuadamente facilitará mejorar, por esta razón una empresa que tiene alta madurez siempre maneja métricas que aporten valor al negocio. Sin embargo, esta no es la regla, algunas organizaciones educativas, de investigación o incluso de gobierno hacen métricas espurias para fines de los proyectos de desarrollo de software o de tecnología.

Los ejercicios escolares de métricas se focalizan principalmente en los obvios patrones para el rastreo de defectos, tamaños de productos y de actividades, que es un buen inicio para calentar y comenzar a comprender lo que espera en el mundo real, sin embargo, como novel del software debe pensar más allá de tener una línea base, planear y controlar.

Cabe mencionar que en las últimas dos décadas las métricas, se traten de recursos, procesos o de producto, han evolucionado hacia presentar un dato cuantitativo que facilite tomar decisiones y permitan generar un ahorro en tiempo y que a su vez se convierte en ahorro de dinero.

Las tradicionales métricas de número de líneas de código, funcionalidad, especificación el diseño, las de calidad: corrección, fiabilidad y mantenibilidad de software se siguen ocupando y funcionan para la recolección de datos generales para el perfil de cada organización.

Una forma propuesta para generar métricas, es que estas deben estar alineada a los objetivos de negocio (o si es empleado público en los organizacionales), debe siempre tener un objetivo claro de medición que indique rendimiento en un periodo definido, comúnmente se ocupan índices de capacidad, que dependen del número y variabilidad de las causas comunes del proceso y en consecuencia es intrínseca a él, generalmente con Six Sigma, por lo que esto es la variabilidad natural del proceso o capacidad del proceso.

Entre ellos los Cp y Cpk, el Cp mide la extensión de las especificaciones en comparación con una dispersión de Six Sigma, el Cpk comprueba la calidad del proceso, dentro de límites especificados, ambos es decir, Cpk con respecto a Cp nos indican que tan sesgado del centro está operando un proceso, producto o recurso.

Las métricas deben ser perenes, dado que una organización es un ser dinámico, a menos que sea alguna dependencia pública donde no varían ni de calidad ni de personal, la vigencia de una métrica cambiará conforme al conocimiento, madurez y aprendizaje que el equipo plasme en el ciclo de vida de los proyectos.

Propuestas simples y que cualquier empresa de tecnología o software puede desarrollar como ejemplo, a nivel organizacional el tener una métrica de satisfacción del cliente con respecto a la entrega de proyecto, disponibilidad de recursos, capacidad de desarrollo del personal, desviación en entrega de proyectos (tiempo y costo), desviación de requerimientos.

El hecho de realizar una medición o un conjunto de mediciones implica un esfuerzo a las organizaciones ya que se invierten recursos tanto humanos como monetarios, no se pueden realizar mediciones al azar solo para probar alguna teoría. Las métricas con las que cuentan las organizaciones deben aportar información que les permita implementar acciones correctivas para mejorar.

En CMMI se definen objetivos de medición, los cuales sientan directrices a las métricas con las que cuenta una organización para lograr mejorar y mantener diversos aspectos como pueden ser tiempos de entrega, disminuir incidencias, incrementar la satisfacción del cliente y demás.

Estas directrices deben cumplir con las características "SMART" (*Specific – Measurable – Achievable – Realistic – Timed*)

- Específica (S) – Ser claras con lo que se quiere medir.
- Medible (M) – Deben ser medibles cuantitativamente.
- Alcanzable (A) – Debe ser algo factible con respecto a la organización (contar con los recursos necesarios, presupuesto, estar dispuestos a realizar el esfuerzo).
- Realista (R) – Deben ser relevantes a la organización y debe proporcionar un beneficio.
- Limitada en tiempo (T) – Debe existir un plazo para lograr la meta.

Existen también las propuestas de métricas que procuran mantener los atributos en la meta establecida, que si se alinean con CMMI, por ejemplo, facilitan el desempeño y seguimiento (la NASA en su *Software Assurance Technology Center* lo ocupa y propone), estos atributos objetivo son: uso de recursos, tasa de terminación, documentación externa e interna, reusabilidad, mantenibilidad, complejidad lógica, estructura de documentos en requerimientos, cantidad de cambios, rastreabilidad.

Una buena referencia para ahondar en el tema es revisar la norma 1045 de la IEEE que nos indica los elementos básicos necesarios que intervienen en la productividad y métricas de software. También el ISO/IEC 12207 SLCP, el ISO 9126-1 este último es un modelo de calidad de software que permite identificar métricas para la funcionalidad, usabilidad, disponibilidad, eficiencia, portabilidad y mantenibilidad; existen varias propuestas adicionales en la academia, muchas son refritos o copias de estándares de ISO/IEC, IEEE, CMMI, pero en idioma español.

Mantenibilidad

En todo ciclo de vida de un proyecto es indispensable tener en cuenta que, conforme se desarrollan nuevas tecnologías, será necesario realizar tareas de mantenimiento al código, con el objetivo de prolongar la utilidad de este. Para ello, será necesario conocer, entender y aplicar los conceptos de mantenimiento y mantenibilidad.

En este sentido, el mantenimiento de un proyecto se refiere a la modificación de un producto de software después de su entrega para corregir errores, mejorar el rendimiento, sus atributos o adaptar al producto a cambios de entorno. Existen diferentes categorías para clasificar a los tipos de mantenimiento aplicables, una de ellas es la siguiente:

- Correctivo: las correcciones se realizan de forma inmediata. Este tipo de mantenimiento surge de forma espontánea al detectarse un funcionamiento incorrecto.
- Adaptativo: ayuda al software a seguir funcionando con el avance de las nuevas tecnologías.
- Perfectivo: permite realizar mejoras al software agregando funcionalidades. Este tipo de mantenimiento depende directamente de los requerimientos del cliente.
- Preventivo: este tipo de mantenimiento sirve para evitar posibles errores antes de que ocurran, generalmente basado en evidencia alterna o posibles errores hallados por áreas de soporte.

La mantenibilidad puede ser vista como la medida cualitativa de la facilidad para comprender, corregir, adaptar y mejorar el software, es un atributo de la calidad y se puede medir con la matriz de trazabilidad.

¿Qué es CMMI?

Capability Maturity Model Integrated (CMMI) o integración de modelos de madurez de capacidades es una metodología madura y son empleadas para evaluar la capacidad o madurez de la ingeniería de software dentro de las organizaciones, ocupadas para buen diseño y desarrollo de un proyecto de software, existen diversos tipos de metodologías que cuentan con un respaldo firme y ampliamente reconocido, y son utilizadas por empresas e instituciones que desean llevar un buen control y gestión de procesos.

CMMI es un modelo que describe las prácticas esenciales a introducir para alcanzar un desarrollo de software efectivo. Fue creado en el *Software Engineering Institute* (SEI) de la Universidad Carnegie Mellon y es actualmente una referencia internacional para la determinación de la capacidad de los procesos de desarrollo de software.

Consta de tres procesos de desarrollo, cuatro niveles de capacidad y cinco niveles de madurez.

Procesos de desarrollo

De manera general, los procesos con los que cuenta CMMI son:

1. Primarios: constan de la adquisición, suministro, desarrollo, operación y mantenimiento de un proyecto.
2. De soporte: los cuales están integrados por la documentación, gestión de configuración, control de calidad, verificación, validaciones, reuniones, auditoría y resolución de problemas.
3. Organizacionales: son los conformados por la formación, gestión, infraestructura y mejora tanto del proyecto como del equipo que lo desarrolla.

Niveles de capacidad

Los niveles de capacidad se refieren a la consecución de la mejora de procesos de una organización en áreas de proceso individual. Estos niveles son un medio para mejorar de forma incremental los procesos que corresponden a un área de proceso dada.

Se alcanza un nivel de capacidad para un área de proceso cuando se satisfacen todas las metas genéricas hasta ese nivel.

Los cuatro niveles de capacidad son los siguientes:

- Incompleto: un proceso incompleto es el que no se realiza o se realiza parcialmente. Al menos una de las metas específicas del área de proceso no se satisface y no existen metas genéricas para este nivel, ya que aquí no hay ninguna razón para institucionalizar un proceso realizado parcialmente.
- Realizado: un proceso realizado es el que lleva a cabo la labor necesaria para producir productos de trabajo. Se satisfacen las metas específicas del área de proceso.
- Gestionado: un proceso gestionado es el que se planifica y ejecuta de acuerdo con la política; emplea personal cualificado que tiene los recursos adecuados para producir resultados controlados; involucra a las partes interesadas relevantes; se monitoriza, controla y revisa, y se evalúa la adherencia frente a la descripción de su proceso.
- Definido: un proceso definido es gestionado y se adapta a partir del conjunto de procesos estándar de la organización de acuerdo con las guías de adaptación de la misma; tiene una descripción de proceso que se mantiene y que contribuye a los activos de proceso de la organización con experiencias relativas a procesos.

Los niveles de capacidad de un área de proceso se logran mediante la aplicación de las prácticas genéricas o alternativas adecuadas a los procesos asociados con esa área de proceso.

Alcanzar el nivel de capacidad 1 para un área de proceso es equivalente a decir que los que están asociados con esa área son procesos realizados.

Alcanzar el nivel de capacidad 2 para un área de proceso es equivalente a decir que existe una política que indica que se realizará el proceso. Existe un plan para realizarlo, se proporcionan los recursos, se asignan las responsabilidades, se proporciona la formación para realizarlo, se controlan los productos de trabajo seleccionados relativos a la ejecución del proceso, y así sucesivamente. En otras palabras, un proceso de nivel de capacidad 2 puede planificarse y monitorizarse de la misma forma que cualquier proyecto o actividad de soporte.

Alcanzar el nivel de capacidad 3 para un área de proceso es equivalente a decir que existe un proceso estándar de la organización asociado con esa área y que se puede adaptar a las necesidades del proyecto. Los procesos en la organización se definen y aplican ahora de forma más consistente porque se basan en sus procesos estándar.

Una vez que una organización ha logrado el nivel de capacidad 3 en las áreas de proceso que ha seleccionado para mejorar, puede continuar su camino de mejora abordando las áreas de proceso de alta madurez (Rendimiento de procesos de la organización, Gestión cuantitativa del proyecto, Análisis causal y resolución y Gestión del rendimiento de la organización); dichas áreas se concentran en mejorar el rendimiento de procesos ya implementados y describen el uso de la estadística y de otras técnicas cuantitativas para lograr cumplir con los objetivos del negocio y mejorar los procesos de los proyectos y de la organización.

Niveles de madurez

Los niveles de madurez se refieren a la consecución de la mejora de procesos de una organización en múltiples áreas de procesos.

El nivel de madurez de una organización proporciona una forma para caracterizar su rendimiento. La experiencia ha mostrado que las organizaciones toman una decisión acertada cuando centran sus esfuerzos de mejora de procesos en un número manejable de áreas de proceso a la vez y que dichas áreas requieren refinarse a medida que la organización mejora.

Los cinco niveles de madurez son los siguientes:

1. Inicial. Los procesos generalmente son ad hoc y caóticos. La organización no proporciona un entorno estable para dar soporte a los procesos. El éxito en estos negocios depende de la competencia y la heroicidad del personal de la organización y no del uso de procesos probados. A pesar de este caos, las organizaciones de nivel de madurez 1 a menudo producen productos y servicios que funcionan, pero exceden con frecuencia el presupuesto y los plazos planificados.

2. Gestionado. Se garantiza que en los proyectos los procesos se planifican y ejecutan de acuerdo con las políticas; los proyectos emplean personal cualificado que dispone de recursos adecuados para producir resultados controlados; se involucran a las partes interesadas relevantes; se monitorizan, controlan y revisan, y se evalúan en cuanto a la adherencia a sus descripciones de proceso. La disciplina reflejada por este nivel ayuda a asegurar que las practicas existentes se mantienen durante periodos de baja presión. Cuando estas prácticas están desplegadas, los proyectos se realizan y gestionan de acuerdo con sus planes documentados.

3. Definido. Los procesos están bien caracterizados y comprendidos, y se describen en estándares, procedimientos, herramientas y métodos. El conjunto de procesos estándar de la organización se establece y se mejora a lo largo del tiempo. Estos procesos estándar se utilizan para establecer la integridad en toda la organización. Los proyectos establecen sus procesos definidos adaptando el conjunto de procesos estándar de la organización de acuerdo con las guías de adaptación. En este nivel los procesos se gestionan más proactivamente a través de la comprensión de las interrelaciones de las actividades del proceso, medidas detalladas del proceso, productos de trabajo y de servicios.

4. Gestionado cuantitativamente. La organización y los proyectos establecen objetivos cuantitativos para la calidad y el rendimiento del proceso, y los utilizan como criterios en la gestión de los proyectos. Los objetivos cuantitativos se basan en las necesidades del cliente, usuarios finales, organización e implementadores del proceso. La calidad y el rendimiento

del proceso se interpretan en términos estadísticos y se gestionan durante la vida de los proyectos.

5. En optimización. La organización mejora continuamente sus procesos basándose en una comprensión cuantitativa de sus objetivos de negocio y necesidades de rendimiento. La organización utiliza un enfoque cuantitativo para comprender la variación inherente en el proceso y las causas de los resultados del proceso. Este nivel se centra en mejorar continuamente el rendimiento de los procesos mediante mejoras incrementales e innovadoras de proceso y de tecnología, en otras palabras, los objetivos.

Las organizaciones pueden lograr mejoras progresivas en su madurez consiguiendo primero el control a nivel de proyecto y continuando hasta el nivel más avanzado (gestión de rendimiento y mejora continua de procesos en toda la organización) utilizando tanto datos cualitativos como cuantitativos para la toma de decisiones.

A medida que la organización logra las metas genéricas y específicas para el conjunto de áreas de proceso en un nivel de madurez, aumenta su madurez organizativa y obtiene los beneficios de la mejora de procesos.

Las organizaciones pueden establecer mejoras de procesos en cualquier momento, incluso antes de que estén preparadas para avanzar al nivel de madurez donde se recomiende la práctica específica. No obstante, en tales situaciones, las organizaciones deberían comprender que el éxito de estas mejoras está en riesgo porque no se ha finalizado la base para su institucionalización adecuada. Los procesos sin la base apropiada pueden fallar en el momento en el que más se necesiten, es decir, bajo presión.

Áreas de proceso

Un área de proceso es un conjunto de prácticas relacionadas en una zona que, cuando se implementan en conjunto, buscan satisfacer un grupo de objetivos considerados importantes para hacer mejoras significativas en la materia.

Cada área de proceso se define como un conjunto de objetivos y prácticas. A continuación, se enlistan las categorías correspondientes:

- Metas y prácticas genéricas: son una parte de cada área de proceso.
- Metas específicas: establecen las características que deben existir si las actividades implicadas por un área de proceso han de ser efectivas.
- Prácticas específicas: son las prácticas requeridas para lograr las metas específicas. Desglosan una meta en un conjunto de actividades relacionadas con el proceso.

Cada meta genérica tiene asociadas una o más prácticas genéricas.:

- GG 1 Lograr objetivos específicos.
  - o GP 1.1 Realizar prácticas específicas.
- GG 2 Institucionalizar un proceso gestionado.
  - o GP 2.1 Establecimiento de una política organizacional.
  - o GP 2.2 Planeación del proceso.
  - o GP 2.3 Proporcionar recursos.
  - o GP 2.4 Asignar responsabilidades.
  - o GP 2.5 Capacitar a la gente.
  - o GP 2.6 Gestión de configuraciones.
  - o GP 2.7 Identificación y participación de las partes interesadas.
  - o GP 2.8 Supervisión y control del proceso.
  - o GP 2.9 Evaluar objetivamente la adherencia.
  - o GP 2.10 Estado de revisión de gestión de nivel superior.
- GG 3 Institucionalizar un proceso definido.
  - o GP 3.1 Establecer un proceso definido.
  - o GP 3.2 Recopilar información de mejora.

- GG 4 Institucionalizar un proceso administrado cuantitativamente.
  - GP 4.1 Establecer objetivos cuantitativos para el proceso.
  - GP 4.2 Estabilizar el rendimiento de los procesos.
- GG 5 Institucionalizar un proceso en fase de optimización.
  - GP 5.1 Garantizar procesos de mejora continua.
  - GP 5.2 Corregir causas de los problemas.

Características comunes

Las características comunes son los atributos que indican si la aplicación y la institucionalización de un área clave de proceso es eficaz, repetible y duradera. Las cinco características comunes se enumeran a continuación:

- Compromiso de realizar: describe las acciones que la organización debe tomar para garantizar que el procedimiento se establecerá y se mantendrá. Normalmente implica establecer las políticas de la organización.
- Capacidad de realizar: describe las condiciones que deben existir en el proyecto o la organización para implementar el proceso de software competente. Por lo general implica recursos, estructuras de organización y capacitación.
- Actividades realizadas: describen las funciones y los procedimientos necesarios para aplicar un proceso clave. Comúnmente implican establecer planes y procedimientos, realizar el trabajo haciendo un seguimiento y tomar medidas correctivas cuando sea necesario.
- Medición y análisis: describe la necesidad de medir el proceso y analizar las mediciones. Por lo general incluye ejemplos de las medidas que podrían adoptarse para determinar el estado y la eficacia de las actividades realizadas.
- Verificación de la aplicación: describe los pasos necesarios para garantizar que las actividades se llevan a cabo en cumplimiento con el proceso que se ha establecido. Generalmente abarca revisiones y auditorías de gestión y aseguramiento de la calidad del software.

Existen cuatro disciplinas diferentes que engloban a las 22 áreas de procesos. Independientemente de la disciplina a la cual está enfocada la organización, las áreas de proceso se dividen en grupos distintos.

Por otro lado, CMMI representa una meta modelo de proceso en dos formas diferentes:

- Representación por etapas. Las áreas de proceso están separadas por nivel de madurez. En este tipo de representación se fomenta el mirar siempre zonas de proceso en el contexto del nivel de madurez al que pertenecen.
- Representación continua. Esta representación permite que una organización concentre sus esfuerzos de mejora de procesos dándole la oportunidad para escoger las áreas que beneficien más a la organización y a sus objetivos de negocio. Las áreas de proceso se dividen en cuatro categorías distintas:

    o Ingeniería
    o Gestión de procesos
    o Gestión de proyectos
    o Soporte

Ilustración 2 Áreas de proceso continuas y por etapas

Representación continua

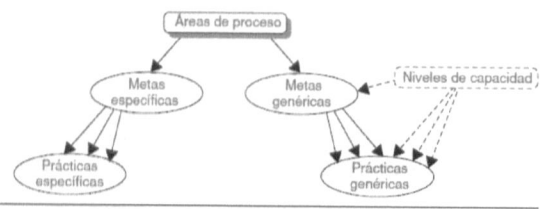

Representación por etapas

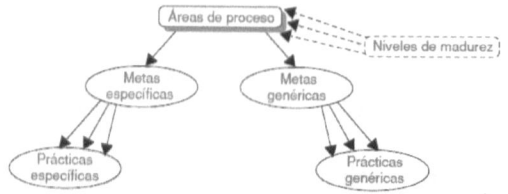

Tabla 2 Áreas de procesos

Área de proceso	Categoría	Nivel de madurez
Desarrollo de requisitos (RD)	Ingeniería	3
Gestión de acuerdos con proveedores (SAM)	Ingeniería	2
Integración del producto (PI)	Ingeniería	3
Solución técnica (TS)	Ingeniería	3
Validación (VAL)	Ingeniería	3
Verificación (VER)	Ingeniería	3
Definición de procesos de la organización (OPD)	Gestión de procesos	3
Formación en la organización (OT)	Gestión de procesos	3
Gestión del rendimiento de la organización (OPM)	Gestión de procesos	5
Enfoque en procesos de la organización (OPF)	Gestión de procesos	3
Rendimiento de procesos de la organización (OPP)	Gestión de procesos	4
Gestión cuantitativa del proyecto (QPM)	Gestión de proyectos	3
Gestión de requisitos (REQM)	Gestión de proyectos	3
Gestión de configuración (CM)	Gestión de proyectos	3
Gestión integrada del proyecto (IPM)	Gestión de proyectos	3
Monitoreo y control del proyecto (PMC)	Gestión de proyectos	2
Planificación del proyecto (PP)	Gestión de proyectos	2
Análisis causal y resolución (CAR)	Soporte	5
Análisis de decisiones y resolución (DAR)	Soporte	3
Aseguramiento de la calidad del proceso y del producto (PPQA)	Soporte	2
Gestión de riesgos (RSKM)	Soporte	2
Medición y análisis (MA)	Soporte	2

Áreas de proceso en detalle

Desarrollo de requisitos (RD)

Propósito: Deducir, analizar y establecer los requisitos de cliente, producto y componente de producto.

SG 1 Desarrollar los requisitos de cliente. Las necesidades, expectativas, restricciones e interfaces de las partes interesadas se recopilan y traducen en requisitos de cliente.

- SP 1.1 Deducir las necesidades, las expectativas, las restricciones y las interfaces de las partes interesadas para todas las fases del ciclo de vida del producto.
- SP 1.2 Transformar las necesidades, expectativas, restricciones e interfaces de las partes interesadas en requisitos priorizados de cliente.

SG 2 Desarrollar los requisitos de producto. Los requisitos de cliente se refinan y elaboran para desarrollar los requisitos de producto y de componente de producto.

- SP 2.1 Establecer y mantener los requisitos de producto y de componente de producto basados en los requisitos de cliente.
- SP 2.2 Asignar los requisitos para cada componente de producto.
- SP 2.3 Identificar requisitos de interfaz.

SG 3 Analizar y validar requisitos.

- SP 3.1 Establecer y mantener los conceptos y los escenarios de operación asociados.
- SP 3.2 Establecer y mantener una definición de la funcionalidad y de los atributos de calidad requeridos.
- SP 3.3 Analizar los requisitos para asegurarse que son necesarios y suficientes.
- SP 3.4 Analizar los requisitos para equilibrar las necesidades y las restricciones de las partes interesadas.
- SP 3.5 Validar los requisitos para asegurar que el producto resultante funcione según lo previsto en el entorno del usuario final.

Gestión de acuerdos con proveedores (SAM)

Propósito: Gestionar la adquisición de productos y servicios de proveedores.

SG 1 Establecer acuerdos con proveedores.
- SP 1.1 Determinar el tipo de adquisición de cada producto o componente de producto.
- SP 1.2 Seleccionar a los proveedores basándose en una evaluación de su capacidad para cumplir los requisitos especificados y los criterios establecidos.
- SP 1.3 Mantener acuerdos con proveedores.

SG 2 Satisfacer los acuerdos con los proveedores. Los acuerdos se satisfacen tanto por el proyecto como por el proveedor.
- SP 2.1 Ejecutar el acuerdo con el proveedor. Realizar las actividades con el proveedor tal y como se especifica en el acuerdo.
- SP 2.2 Aceptar el producto adquirido. Asegura que el acuerdo con el proveedor se cumple antes de aceptar el producto.
- SP 2.3 Asegurar la transición de los productos adquiridos.

Integración del producto (PI)

Propósito: Ensamblar el producto a partir de sus componentes; asegurar que el producto, una vez integrado, se comporta correctamente, es decir, posea la funcionalidad y los atributos de calidad requeridos, y entregar el producto.
SG 1 Prepararse para la integración del producto.
- SP 1.1 Establecer y mantener una estrategia de integración del producto.
- SP 1.2 Establecer y mantener el entorno necesario para dar soporte a la integración de los componentes de producto.
- SP 1.3 Establecer y mantener los procedimientos y los criterios para la integración de los componentes de producto.

SG 2 Asegurar la compatibilidad de las interfaces, tanto internas como externas, de los componentes de producto.

- SP 2.1 Revisar la cobertura y completitud de las descripciones de las interfaces.
- SP 2.2 Gestionar las definiciones, diseños y cambios de las interfaces internas y externas de los productos y componentes de producto.

SG 3 Ensamblar los componentes de producto ya verificados y entregar el producto integrado, verificado y validado.
- SP 3.1 Confirmar la disponibilidad de los componentes de producto para la integración. Antes de ensamblar se debe confirmar que el componente de producto y sus respectivas interfaces se comportan de acuerdo con su descripción. SP 3.2 Ensamblar los componentes de producto de acuerdo con la estrategia y procedimientos de integración del producto.
- SP 3.3 Evaluar los componentes de producto ensamblados para la compatibilidad de las interfaces.
- SP 3.4 Empaquetar y entregar el producto o componente de producto al cliente.

Solución técnica (TS)

Propósito: Seleccionar, diseñar e implementar soluciones para los requisitos. Las soluciones, diseños e implementaciones engloban productos, componentes y ciclo de vida de los mismos, individualmente o en conjunto, según proceda.
SG 1 Seleccionar soluciones de producto o componentes de producto. Éstas se seleccionan a partir de soluciones alternativas.
- SP 1.1 Desarrollar soluciones alternativas y los criterios de selección.
- SP 1.2 Seleccionar las soluciones de componentes de producto con base en los criterios de selección.

SG 2 Desarrollar el diseño del producto o de los componentes de producto.
- SP 2.1 Diseñar el producto o los componentes de producto.
- SP 2.2 Establecer y mantener un paquete de datos técnicos.
- SP 2.3 Diseñar las interfaces de componentes usando los criterios establecidos.
- SP 2.4 Evaluar si los componentes de producto se deberían desarrollar, comprar o reutilizar con base en los criterios establecidos.

SG 3 Implementar el diseño del producto. Los componentes de producto y la documentación de soporte asociada son implementados a partir de sus diseños.

- SP 3.1 Implementar el diseño de los componentes del producto.
- SP 3.2 Desarrollar y mantener la documentación de soporte del producto.

Validación (VAL)

Propósito: Demostrar que un producto o componente de producto cumple con su uso respectivo cuando se ubica en el entorno previsto.
SG 1 Preparar la validación.

- SP 1.1 Seleccionar los productos y los componentes de producto para su validación y elegir los métodos de validación que se utilizarán.
- SP 1.2 Establecer y mantener el entorno necesario para dar soporte a la validación.
- SP 1.3 Establecer y mantener los procedimientos y los criterios de validación.

SG 2 Validar el producto o los componentes de producto, los cuales se validan para asegurar que son adecuados para su utilización en su entorno operativo previsto.

- SP 2.1 Realizar la validación sobre los productos y los componentes de producto seleccionados.
- SP 2.2 Analizar los resultados de la validación.

Verificación (VER)

Propósito: Asegurar que los productos de trabajo seleccionados cumplen los requisitos especificados.

SG 1 Preparar la verificación.

- SP 1.1 Seleccionar los productos de trabajo para la verificación y elegir los métodos de verificación que se utilizarán.

- SP 1.2 Establecer y mantener el entorno necesario para dar soporte a la verificación.
- SP 1.3 Establecer y mantener los procedimientos y los criterios de verificación.

SG 2 Realizar las revisiones.
- SP 2.1 Preparar las revisiones entre pares de los productos de trabajo seleccionados.
- SP 2.2 Realizar las revisiones e identificar las cuestiones resultantes de estas revisiones.
- SP 2.3 Analizar los datos sobre la preparación, realización y resultados de las revisiones entre pares.

SG 3 Verificar los productos de trabajo seleccionados.
- SP 3.1 Realizar la verificación sobre los productos de trabajo seleccionados frente a los requisitos especificados.
- SP 3.2 Analizar los resultados de todas las actividades de verificación.

Definición de procesos de la organización (OPD)

Propósito: Establecer un conjunto utilizable de activos de proceso de la organización, estándares del entorno de trabajo y tanto reglas como guías para los equipos.

SG 1 Establecer los activos de proceso de la organización.
- SP 1.1 Establecer y mantener los procesos estándar.
- SP 1.2 Establecer y mantener las descripciones de los modelos de ciclo de vida aprobados para su uso en la organización.
- SP 1.3 Establecer y mantener los criterios y las guías de adaptación para el conjunto de procesos estándar de la organización.
- SP 1.4 Establecer y mantener el repositorio de mediciones de la organización.
- SP 1.5 Establecer y mantener la biblioteca de activos de proceso de la organización.
- SP 1.6 Establecer y mantener los estándares del entorno de trabajo.

- SP 1.7 Establecer y mantener las reglas y guías de la organización para la estructura, constitución y funcionamiento de los equipos.

Formación en la organización (OT)

Propósito: Desarrollar las habilidades y los conocimientos de las personas para que puedan desempeñar sus roles eficaz y eficientemente.
SG 1 Establecer una capacidad de formación que de soporte a los roles de la organización.
- SP 1.1 Establecer y mantener las necesidades estratégicas de formación de la organización.
- SP 1.2 Determinar qué necesidades de formación son responsabilidad de la organización y cuáles son de los proyectos individuales o grupos de soporte.
- SP 1.3 Establecer y mantener un plan táctico de formación en la organización.
- SP 1.4 Establecer y mantener una capacidad de formación para abordar las necesidades de la organización.

SG 2 Proporcionar formación para que las personas desempeñen sus roles con eficacia.
- SP 2.1 Impartir la formación siguiendo el plan táctico de la organización.
- SP 2.2 Establecer y mantener los registros de formación de la organización.
- SP 2.3 Evaluar la eficacia del programa de formación de la organización.

Gestión del rendimiento de la organización (OPD)

Propósito: Gestionar proactivamente el rendimiento de la organización para satisfacer sus objetivos de negocio.
SG 1 Gestionar el rendimiento de negocio utilizando técnicas estadísticas y otras cuantitativas para comprender carencias de rendimiento de proceso y para identificar áreas para la mejora de procesos.

- SP 1.1 Mantener los objetivos de negocio con base en el entendimiento de las estrategias de negocio y de los resultados reales del rendimiento.
- SP 1.2 Analizar los datos de rendimiento de proceso para determinar la capacidad de la organización para satisfacer los objetivos de negocio identificados.
- SP 1.3 Identificar las áreas potenciales para la mejora que podrían contribuir a cumplir con los objetivos de negocio.

SG 2 Seleccionar las mejoras. Éstas se identifican proactivamente, se evalúan usando técnicas estadísticas y otras cuantitativas, y se seleccionan para su despliegue con base en su contribución para el cumplimiento de los objetivos de calidad y de rendimiento de proceso.
- SP 2.1 Deducir y categorizar las sugerencias de mejora.
- SP 2.2 Analizar las sugerencias de mejora por su posible impacto en la consecución de los objetivos de calidad y de rendimiento del proceso de la organización.
- SP 2.3 Validar las mejoras seleccionadas.
- SP 2.4 Seleccionar e implementar las mejoras para el despliegue en la organización con base en la evaluación de costos, beneficios y otros factores.

SG 3 Desplegar las mejoras. Las mejoras medibles a los procesos y a las tecnologías de la organización se despliegan y se evalúan utilizando técnicas estadísticas y otras cuantitativas.
- SP 3.1 Planificar el despliegue. Establecer y mantener los planes para desplegar las mejoras seleccionadas.
- SP 3.2 Gestionar el despliegue de las mejoras seleccionadas.
- SP 3.3 Evaluar los efectos de las mejoras desplegadas sobre la calidad y el rendimiento de proceso utilizando técnicas estadísticas y otras cuantitativas.

Enfoque en procesos de la organización (OPF)

Propósito: Planificar, implementar y desplegar las mejoras de proceso de la organización, basadas en una comprensión completa de las fortalezas y debilidades actuales de los procesos y de los activos de proceso de la organización.

SG 1 Determinar las oportunidades de mejora de procesos. Las fortalezas, las debilidades y las oportunidades de la organización se identifican periódicamente según sea necesario.

- SP 1.1 Establecer y mantener las necesidades y los objetivos de procesos para la organización
- SP 1.2 Evaluar los procesos de la organización periódicamente y según sea necesario para mantener una comprensión de sus fortalezas y debilidades.
- SP 1.3 Identificar las mejoras a los procesos y a los activos de proceso de la organización.

SG 2 Planificar e implementar las acciones de proceso que tratan las mejoras de la organización.

- SP 2.1 Establecer y mantener los planes de acción de proceso para tratar las mejoras a los procesos y a los activos de proceso de la organización.
- SP 2.2 Implementar los planes de acción de proceso

SG 3 Desplegar los activos de proceso de la organización e incorporar las experiencias: Los activos de proceso de la organización se despliegan en toda la organización y las experiencias relativas a procesos se incorporan a los activos de proceso de la organización.

- SP 3.1 Desplegar los activos de proceso de la organización
- SP 3.2 Desplegar el conjunto de procesos estándar de la organización para los proyectos en su arranque y desplegar los cambios de estos procesos estándar según proceda durante la vida de cada proyecto.
- SP 3.3 Monitorizar la implementación del conjunto de procesos estándar de la organización y la utilización de los activos de proceso en todos los proyectos.
- SP 3.4 Incorporar las experiencias relativas al proceso derivadas de la planificación y realización del proceso en los activos de proceso de la organización.

Rendimiento de procesos de la organización (OPP)

Propósito: Establecer y mantener una comprensión cuantitativa del rendimiento de los procesos seleccionados del conjunto de procesos estándar de la organización para dar soporte a la consecución de los objetivos de calidad y de rendimiento de proceso, y para proporcionar datos, líneas base y modelos de rendimiento de proceso con los que se puedan gestionar cuantitativamente los proyectos de la organización.

SG 1 Establecer y mantener las líneas base y los modelos de rendimiento que caracterizan el rendimiento de proceso esperado del conjunto de procesos estándar de la organización.

- SP 1.1 Establecer los objetivos de calidad y de rendimiento de proceso. Establecer y mantener los objetivos cuantitativos de la organización en cuanto a la calidad y al rendimiento de proceso que son trazables con los objetivos de negocio.
- SP 1.2 Seleccionar los procesos o los subprocesos del conjunto de procesos estándar de la organización que se incluirán en los análisis de rendimiento de proceso de la organización, y mantener la trazabilidad en los objetivos de negocio.
- SP 1.3 Establecer y mantener definiciones de medidas que se incluirán en los análisis de rendimiento de proceso de la organización.
- SP 1.4 Analizar el rendimiento de los procesos seleccionados y, establecer y mantener las líneas base de rendimiento de proceso.
- SP 1.5 Establecer y mantener los modelos de rendimiento de proceso para el conjunto de procesos estándar de la organización.

Gestión cuantitativa del proyecto (QPM)

Propósito: Gestionar cuantitativamente el proyecto para alcanzar los objetivos establecidos de calidad y de rendimiento de proceso en el proyecto.
SG 1 Preparar la gestión cuantitativa

- SP 1.1 Establecer los objetivos del proyecto. Establecer y mantener los objetivos de calidad y de rendimiento de proceso del proyecto.
- SP 1.2 Componer un proceso definido que permita al proyecto alcanzar sus objetivos de calidad y de rendimiento del proceso utilizando técnicas estadísticas y otras técnicas cuantitativas.

- SP 1.3 Seleccionar los subprocesos y los atributos críticos para evaluar el rendimiento y ayuden a alcanzar los objetivos de calidad y rendimiento de proceso del proyecto.
- SP 1.4 Seleccionar las medidas y técnicas analíticas a utilizar en la gestión cuantitativa.

SG 2 Gestionar el proyecto cuantitativamente
- SP 2.1 Monitorizar el rendimiento de los subprocesos seleccionados usando técnicas estadísticas y otras técnicas cuantitativas.
- SP 2.2 Gestionar el rendimiento del proyecto utilizando técnicas estadísticas y otras técnicas cuantitativas para determinar si se cumplirán los objetivos de calidad y de rendimiento de proceso del proyecto.
- SP 2.3 Realizar el análisis de causas raíz de las cuestiones seleccionadas para tratar las deficiencias en la consecución de los objetivos de calidad y de rendimiento de proceso del proyecto.

Gestión de requisitos (REQM)

Propósito: Gestionar los requisitos de los productos y los componentes de producto del proyecto, y asegurar la alineación entre esos requisitos, los planes y los productos de trabajo del proyecto.
SG 1 Gestionar los requisitos e identificar las inconsistencias con los planes y productos de trabajo del proyecto.
- SP 1.1 Desarrollar una comprensión del significado de los requisitos con los proveedores de los requisitos.
- SP 1.2 Obtener el compromiso de los participantes del proyecto sobre los requisitos.
- SP 1.3 Gestionar los cambios a los requisitos a medida que evolucionan durante el proyecto.
- SP 1.4 Mantener la trazabilidad bidireccional entre los requisitos y los productos de trabajo.
- SP 1.5 Asegurar que los planes del proyecto y los productos de trabajo permanezcan alineados con los requisitos.

Gestión de configuración (CM)

Propósito: Establecer y mantener la integridad de los productos de trabajo utilizando la identificación de la configuración, el control de la configuración, el informe del estado de la configuración y las auditorías de la configuración.

SG 1 Establecer las líneas base de los productos de trabajo identificados.

- SP 1.1 Identificar los elementos de configuración, los componentes y los productos de trabajo relacionados que serán puestos bajo gestión de configuración.
- SP 1.2 Establecer y mantener un sistema de gestión de configuración y de gestión de cambios para controlar los productos de trabajo.
- SP 1.3 Crear o liberar las líneas base para uso interno y para la entrega al cliente.

SG 2 Seguir y controlar los cambios. Se siguen y se controlan los productos de trabajo bajo gestión de configuración.

- SP 2.1 Seguir las peticiones de cambio a los elementos de configuración.
- SP 2.2 Controlar los cambios a los elementos de configuración.

SG 3 Establecer la integridad de las líneas base.

- SP 3.1 Establecer y mantener los registros que describen los elementos de configuración.
- SP 3.2 Realizar auditorías de configuración para mantener la integridad de las líneas base de configuración.
-

Gestión integrada del proyecto (IPM)

Propósito: Establecer y gestionar el proyecto e involucrar las partes interesadas relevantes de acuerdo con un proceso integrado y definido, que se adapta a partir del conjunto de procesos estándar de la organización.

SG 1 Utilizar el proceso definido del proyecto: El proyecto se lleva a cabo utilizando un proceso definido a partir del conjunto de procesos estándar de la organización.

- SP 1.1 Establecer y mantener el proceso definido del proyecto desde su arranque y a lo largo de la vida del proyecto.

- SP 1.2 Utilizar los activos de proceso de la organización y el repositorio de mediciones para estimar y planificar las actividades del proyecto.
- SP 1.3 Establecer y mantener el entorno de trabajo del proyecto con base en los estándares de entorno de trabajo de la organización.
- SP 1.4 Integrara el plan del proyecto y otros planes que afecten al proyecto para describir el proceso definido del mismo.
- SP 1.5 Gestionar el proyecto utilizando planes integrados
- SP 1.6 Establecer y mantener equipos.
- SP 1.7 Contribuir con experiencias relativas al proceso a los activos de proceso de la organización.

SG 2 Coordinar y colaborar con las partes interesadas relevantes
- SP 2.1 Gestionar la involucración en el proyecto de las partes interesadas relevantes.
- SP 2.2 Gestionar las dependencias. Participar con las partes interesadas relevantes para identificar, negociar y seguir las dependencias críticas.
- SP 2.3 Resolver las cuestiones con las partes interesadas relevantes.

Monitoreo y control del proyecto (PMC)

Propósito: Proporcionar una comprensión del progreso del proyecto para que se puedan tomar las acciones correctivas apropiadas cuando el rendimiento del proyecto se desvíe significativamente del plan.

SG 1 Monitorizar el proyecto frente al plan. El progreso y el rendimiento reales del proyecto se monitorizan frente al plan de proyecto.
- SP 1.1 Monitorizar los valores reales de los parámetros de planificación del proyecto frente al plan de proyecto.
- SP 1.2 Monitorizar los compromisos frente a aquellos identificados en el plan de proyecto.
- SP 1.3 Monitorizar los riesgos frente a aquellos identificados en el plan de proyecto.

- SP 1.4 Monitorizar la gestión de los datos del proyecto frente al plan de proyecto.
- SP 1.5 Monitorizar la involucración de las partes interesadas frente al plan de proyecto.
- SP 1.6 Revisar periódicamente el progreso, el rendimiento y las cuestiones del proyecto.
- SP 1.7 Revisar los logros y los resultados del proyecto en los hitos seleccionados del proyecto.

SG 2 Gestionar las acciones correctivas hasta su cierre cuando el rendimiento o los resultados del proyecto se desvían significativamente del plan.
- SP 2.1 Recopilar y analizar las cuestiones y determinar acciones correctivas para su tratamiento.
- SP 2.2 Llevar a cabo la acción correctiva sobre las cuestiones identificadas.
- SP 2.3 Gestionar las acciones correctivas hasta su cierre.

Planificación del proyecto (PP)

Propósito: Establecer y mantener planes que definan las actividades del proyecto.
SG 1 Establecer y mantener las estimaciones de los parámetros de planificación del proyecto.
- SP 1.1 Estimar el alcance del proyecto. Establecer una estructura de descomposición del trabajo (WBS) de alto nivel para estimar el alcance del proyecto.
- SP 1.2 Establecer y mantener las estimaciones de los atributos de los productos de trabajo y de las tareas.
- SP 1.3 Definir las fases del ciclo de vida del proyecto sobre las que encuadrar el esfuerzo a planificar.
- SP 1.4 Estimar el esfuerzo y costo del proyecto para los productos de trabajo y para las tareas, basándose en el análisis razonado de la estimación.

SG 2 Desarrollar un plan de proyecto. Se establece y mantiene un plan de proyecto como base para gestionar el proyecto.
- SP 2.1 Establecer y mantener el presupuesto y el calendario del proyecto.

- SP 2.2 Identificar y analizar los riesgos del proyecto.
- SP 2.3 Planificar la gestión de los datos del proyecto.
- SP 2.4: Planificar los recursos para realizar el proyecto.
- SP 2.5 Planificar las necesidades de conocimiento y de habilidades para realizar el proyecto.
- SP 2.6 Planificar la involucración de las partes interesadas identificadas.
- SP 2.7 Establecer y mantener el plan global del proyecto.

SG 3 Obtener el compromiso con el plan de proyecto.
- SP 3.1 Revisar todos los planes que afectan al proyecto para comprender los compromisos del proyecto.
- SP 3.2 Conciliar los niveles de trabajo y de recursos. Ajustar el plan de proyecto para conciliar los recursos disponibles y los estimados.
- SP 3.3 Obtener el compromiso de las partes interesadas relevantes, responsables de realizar y de dar soporte a la ejecución del plan.

Análisis causal y resolución (CAR)

Propósito: Identificar las causas de los resultados seleccionados y actuar para mejorar el rendimiento de proceso.
SG 1 Determinar sistemáticamente las causas raíz de los resultados seleccionados.
- SP 1.1 Seleccionar los resultados a analizar.
- SP 1.2 Realizar el análisis causal de los resultados seleccionados y proponer acciones para tratarlos.

SG 2 Tratar sistemáticamente las causas raíz de los resultados seleccionados.
- SP 2.1 Implementar las propuestas de acción seleccionadas que se han desarrollado en el análisis causal.
- SP 2.2 Evaluar los efectos de las acciones implementadas sobre el rendimiento de proceso.
- SP 2.3 Registrar los datos de análisis causa y resolución para utilizarlos en los proyectos y en la organización.

Análisis de decisiones y resolución (DAR)

Propósito: Analizar las posibles decisiones utilizando un proceso de evaluación formal que evalúa las alternativas identificadas, frente a unos criterios establecidos.

SG 1 Las decisiones se basan en una evaluación de alternativas utilizando criterios establecidos.

- SP 1.1 Establecer las guías para el análisis de decisiones. Establecer y mantener guías para determinar qué cuestiones están sujetas a un proceso de evaluación formal.
- SP 1.2 Establecer y mantener los criterios para evaluar las alternativas y la clasificación relativa de estos criterios.
- SP 1.3 Identificar soluciones alternativas para tratar las cuestiones.
- SP 1.4 Seleccionar métodos de evaluación.
- SP 1.5 Evaluar las soluciones alternativas utilizando criterios y métodos establecidos.
- SP 1.6 Seleccionar las soluciones a partir de alternativas con base en criterios de evaluación.

Aseguramiento de la calidad del proceso y del producto (PPQA)

Propósito: Proporcionar al personal y a la gerencia una visión objetiva de los procesos y de los productos de trabajo asociados.

SG 1 Evaluar objetivamente la adherencia de los procesos realizados y de los productos de trabajo asociados a las descripciones de proceso, estándares y procedimientos aplicables.

- SP 1.1 Evaluar objetivamente los procesos realizados seleccionados frente a las descripciones de proceso, estándares y procedimientos aplicables.
- SP 1.2 Evaluar objetivamente los productos de trabajo seleccionados frente a las descripciones de proceso, estándares y procedimientos aplicables.

SG 2 Proporcionar una visión objetiva. Las no conformidades se siguen y comunican de forma objetiva, y se asegura su resolución.

- SP 2.1 Comunicar las cuestiones de calidad y asegurar la resolución de las no conformidades con el personal y con los gerentes.
- SP 2.2 Establecer y mantener los registros de las actividades de aseguramiento de la calidad.

Gestión de riesgos (RSKM)

Propósito: Identificar problemas potenciales antes de que ocurran, para que las actividades de tratamiento de riesgos puedan planificarse e invocarse según sea necesario a lo largo de la vida del producto o del proyecto para mitigar los impactos adversos sobre la consecución de objetivos.

SG 1 Preparar la gestión de riesgos.
- SP 1.1 Determinar las fuentes y las categorías de los riesgos.
- SP 1.2 Definir los parámetros usados para analizar y clasificar los riesgos y para controlar el esfuerzo de la gestión de riesgos.
- SP 1.3 Establecer y mantener la estrategia que se usará para la gestión de riesgos.

SG 2 Identificar y analizar los riesgos para determinar su importancia relativa.
- SP 2.1 Identificar y documentar los riesgos.
- SP 2.2 Evaluar y clasificar cada riesgo identificado usando las categorías y los parámetros definidos para el riesgo, y determinar su prioridad relativa.

SG 3 Mitigar y tratar los riesgos de manera apropiada para reducir los impactos adversos sobre la obtención de los objetivos.
- SP 3.1 Desarrollar un plan de mitigación de riesgos en concordancia con la estrategia de gestión de riesgos.
- SP 3.2 Implementar los planes de mitigación de riesgos. Monitorizar el estado de cada riesgo periódicamente e implementar el plan de mitigación de riesgos según sea apropiado.

Medición y análisis (MA)

Propósito: Desarrollar y mantener la capacidad de medición utilizada para dar soporte a las necesidades de información de la gerencia.

SG 1 Alinear las actividades de medición y análisis. Los objetivos y las actividades de medición están alineados con las necesidades de información y los objetivos identificados.

- SP 1.1 Establecer y mantener los objetivos de medición derivados de las necesidades de información y de los objetivos identificados.
- SP 1.2 Especificar las medidas para tratar los objetivos de medición.
- SP 1.3 Especificar los procedimientos de recogida y de almacenamiento de datos. Especificar cómo se obtienen y almacenan los datos de la medición.
- SP 1.4 Especificar los procedimientos de análisis. Especificar cómo se analizan y comunican los datos de medición.

SG 2 Proporcionar los resultados de la medición que tratan las necesidades de información y los objetivos identificados.

- SP 2.1 Obtener los datos de la medición especificados.
- SP 2.2 Analizar e interpretar los datos de la medición.
- SP 2.3 Gestionar y almacenar los datos de la medición, las especificaciones de la medición y los resultados del análisis.
- SP 2.4: Comunicar los resultados de las actividades de medición y análisis a todas las partes interesadas relevantes.

Enfoques para la gestión de proyectos

La gestión de proyectos tradicional, principalmente alineado con el *Project Management* del *Project Management Institute*, es una metodología de planeación, organización y gestión de recursos que busca cumplir exitosamente con las metas de un proyecto.

El *Project Management Institute* (PMI) es una organización dedicada al estudio y promoción de la dirección de proyectos; busca brindar un conjunto de directrices que orienten la dirección y gestión de proyectos a través del *PMBOK*.

El objetivo general de la gestión de proyectos tradicional es planificar de antemano el camino a seguir, identificando riesgos y teniendo claro el objetivo final del proyecto.

De acuerdo con el método, todos los proyectos se componen de procesos, los cuales deben ser seleccionados previamente y requieren áreas de conocimiento para ser aplicados.

Un proceso está compuesto por todas las actividades interrelacionadas que se deben ejecutar para poder obtener un producto o servicio.

Dentro de la historia reciente en la administración de proyectos el propuesto por le PMI ha sido el más ocupado en la industria de TI, a continuación describimos más del mismo.

Procesos de la dirección de proyectos.

Están compuestos por cinco categorías distintas, las cuales aseguran el progreso adecuado del proyecto durante todo su ciclo de vida.
Dichas categorías se enlistan a continuación:

- Proceso de iniciación.
- Proceso de planificación.
- Proceso de ejecución.
- Proceso de supervisión y control.
- Proceso de cierre del proyecto.
- Procesos orientados al producto.

Estos procesos especifican y crean el producto. Varían en función del área de conocimiento.

Tabla 3 Áreas del PMI

Gestión del Alcance del Proyecto Project Scope Management	Gestión de Tiempos del Proyecto Project Schedule Management	Gestión de Costos del Proyecto Proyect Budget Management
Gestión de la Calidad del Proyecto Project Quality Management	Gestión de los Recursos Humanos del Proyecto Project Resource Management	Gestión de las Comunicaciones del Proyecto / Project Communicaction Management
Gestión de los Riesgos del Proyecto Project Risk Management	Gestión de las Adquisiciones del Proyecto Project Procurement Management	Gestión de la Integración del Proyecto Project Integration Management*

Este enfoque tradicional conlleva un desarrollo en fases, las cuales tienen bien definido un estilo de desarrollo lineal y resulta una limitante a la hora de enfrentar cambios en las peticiones iniciales del producto.

Con este enfoque la prioridad radica en apegarse al plan inicial y hacer una única entrega al finalizar el proyecto, indica que el retorno de la inversión será hasta terminar completamente. Se tiene un producto meta para el cual el desarrollo en fases está concebido como un único ciclo (el ciclo de vida del proyecto).

Metodologías ágiles

Cuando el personal netamente técnico evolucionó en el sentido aportar al negocio, se desarrollaron diversas iniciativas, más adelante comentaremos de un parte aguas en este sentido, el manifiesto ágil, por lo pronto considere que después de un tiempo desarrollando proyectos, algunos técnicos (llámense ingenieros, informáticos, computólogos, matemáticos o bachilleres) entendieron que la pose de sentirse dioses era un mal heredado de alguna clase en su escuela de origen, que realmente su labor era más importante en la medida que aportaran valor a los requerimientos de los usuarios, las personas que los contrataban, asignaban presupuestos o simplemente eran sus superiores.

Esta nueva sinapsis entre la neurona técnica, la dendrita y la neurona de negocio, facilitó desde el siglo pasado para algunos técnicos el hecho de entender que aceptar el cambio es parte inherente de la evolución de cualquier proyecto funcional, sin perder de vista que el presupuesto y estar alineado con la validación del usuario final es mandatorio.

Adicionalmente, concepto de áreas y líneas de producción comenzaron a permear al desarrollo de software, con la idea de tener menos re trabajo (ó "refactoring") o jalar recursos a los proyectos cuando son necesarios (justo a tiempo).

Las metodologías ágiles son aquellas que permiten adaptar la forma de trabajo a las condiciones del proyecto, consiguiendo flexibilidad e inmediatez en la respuesta para amoldar el proyecto y su desarrollo a las circunstancias específicas del entorno.

Actualmente la metodología ágil de mayor adopción y éxito es el Scrum, más adelante atenderemos con detalle en que consiste, pero antes se presentan una serie de conceptos relacionados con las metodologías ágiles.

Es posible que en su organización hoy día utilice alguna de ellas, o una mezcla de varias de ellas.

Algunos beneficios de las metodologías ágiles

Las metodologías ágiles están basadas en el desarrollo iterativo e incremental, permitiendo así adoptar modificaciones sobre la marcha del proyecto, lo cual resulta indispensable en un mundo con una constante exposición a cambios.

- Mejora la satisfacción del cliente: se le involucra a lo largo de todo el proyecto, consiguiendo así que se comprometa y sea posible optimizar las características del producto final. Además, se le brinda más confianza al tenerlo al tanto del avance del proyecto en todo momento.
- Mejora la motivación e implicación del equipo de desarrollo: los compromisos son negociados y aceptados por todos los miembros del equipo y las ideas de cualquiera de sus integrantes son tomadas en cuenta.
- Mayor velocidad y eficiencia: se trabaja realizando entregas parciales, lo que posibilita la entrega de una versión funcional del producto en el menor intervalo de tiempo posible.
- Elimina características innecesarias y mejora la calidad del producto: gracias a las entregas parciales y la involucración del cliente es posible detectar a tiempo dichas características y asegurar que el producto final sea exactamente lo que el cliente quiere y necesita.
- Alerta rápidamente sobre errores y problemas: en la etapa de planificación, el equipo presenta una ruta para anticiparse a los principales problemas técnicos y determina la velocidad en la que se puede trabajar. Con el enfoque tradicional, los errores no identificados en las primeras fases del proyecto suelen acarrear costos muy altos.

Entre los factores destacables se encuentran la retroalimentación, el cambio continuo, la comunicación, el compromiso, el seguimiento, la empatía con los miembros del equipo, procesos evolutivos y entregas parciales.

Existen diversas metodologías ágiles; para fines de este texto se describirán a grandes rasgos algunas de ellas.

Lean Kanban

El concepto Lean optimiza el sistema de producción de una organización para producir valiosos resultados basados en los recursos, necesidades y alternativas que se tienen mientras se reduce el desperdicio.

El desperdicio puede venir de construir algo equivocado, fallas al aprender o prácticas que impiden el proceso. El fundamento de Lean sostiene que la reducción de la duración de cada ciclo o iteración conduce a un incremento en la productividad; esto se logra reduciendo retrasos, mejorando la detección de errores en una etapa temprana y consecuentemente, reduciendo el esfuerzo necesario requerido para finalizar la tarea. Dichos principios han sido aplicados exitosamente en el desarrollo de software.

Kanban utiliza el uso de anuncios visuales para ayudar en el seguimiento del proyecto, los cuales son efectivos y se han convertido en una práctica común. El concepto fue introducido por Taiichi Ohno, considerado el padre de los Sistemas de Producción de Toyota (TSP). Este método llamó la atención gracias a su práctica en la empresa Toyota, líder en administración y gestión de procesos.

La metodología integra el uso de los anuncios visuales descritos por Kanban con los principios de Lean, creando un sistema de gestión de procesos evolutivo, visual e incremental.

Extreme Programming (XP)

El *eXtreme Programming* (XP) es otra metodología que surge a partir del Manifiesto Ágil; también se le conoce como *Fast Programming*.

Se originó en Chrysler Corporation y ganó fuerza en la década de 1990. XP hace que sea posible mantener el costo de cambiar el software sin que éste aumente radicalmente con el tiempo. Los atributos claves de la metodología incluyen el desarrollo gradual, horarios flexibles, pruebas automatizadas de código, la comunicación verbal, el diseño en constante evolución, colaboración cercana y la vinculación de las unidades de todos los involucrados en un largo o corto plazo.

El XP valora la comunicación, la retroalimentación, la simplicidad y el correr riesgos. Los diferentes roles en el enfoque XP incluyen al cliente, desarrolladores, rastreador y entrenador. Prescribe varias prácticas de negocios, codificación y desarrollo, así como eventos y artefactos para lograr un desarrollo eficaz y eficiente. Esta metodología ha sido adoptada ampliamente debido a sus prácticas de ingeniería bien definidas.

Tiene cuatro características principales

- Comunicación
- Simplicidad
- Retroalimentación (*feedback*)
- Valor

Y 12 prácticas:

- Planeación
- Pruebas (*testing*)
- Programación por pares
- Remanufactura
- Diseños sencillos
- Propiedad colectiva del código
- Integración permanente
- El usuario al lado del equipo programador
- Entregas frecuentes y pequeñas
- 40 horas de trabajo a la semana
- Estandarización del código
- Metáfora

El equipo de desarrollo en la metodología XP está conformado por diferentes actores:

- Programador: quien produce el código del sistema y realiza las pruebas unitarias al mismo.
- Cliente: el que escribe las historias de usuario – las cuales son una herramienta complementaria de las metodologías ágiles que especifican los requisitos funcionales y operativos de un producto de software – y las pruebas funcionales para validar la correcta operación del sistema.
- Encargado de pruebas (*Tester*): ayuda al cliente a escribir las pruebas funcionales, ejecuta este tipo de pruebas regularmente, mantiene al tanto al equipo de los resultados obtenidos y es el responsable de las herramientas de prueba pertinentes.
- Encargado de seguimiento (*Tracker*): proporciona retroalimentación al equipo, evalúa el avance que se ha tenido con respecto a los objetivos y al tiempo estimado para mejorar en futuras ocasiones y es el responsable de realizar todo el seguimiento del progreso en cada iteración.
- Entrenador (*Coach*): responsable del proceso global, proporciona guías al equipo para reafirmar la metodología XP y para seguir el proceso tal como se tenía contemplado.
- Consultor: agente externo al grupo de desarrollo, posee conocimiento específico para asesorar al equipo por si fuera el caso.
- Gestor (*Big boss*): el elemento que relaciona a los clientes y usuarios con los programadores; su labor es esencial en la coordinación pues busca que el equipo trabaje efectivamente y con las condiciones adecuadas.

Existen herramientas complementarias utilizadas para mejorar este tipo de metodologías, de entre ellas se encuentran las historias de usuario, las cuales proporcionan información sobre el flujo de información y comunicación entre los módulos solicitados por parte del cliente y ayudan a los desarrolladores a entender de una mejor manera los requerimientos especificados. Estas historias tienen que ser muy flexibles, haciendo posible su modificación y actualización, con un cierto grado de complejidad y permitiendo que se realicen en periodos cortos de tiempo (Toro López, 2013).

Crystal Methods

Fueron manifestadas por Alistair Cockburn a principios de 1990. Los métodos *Crystal* se centran en los personajes o personas, son ligeros y fáciles de adaptar. Debido a que la gente es lo primordial, los procesos y las herramientas de desarrollo no son fijos, sino que se ajustan a las necesidades y características específicas del Proyecto.

El espectro de color se utiliza para decidir sobre la variante de un proyecto. Los factores tales como la comodidad, el dinero discrecional, el dinero esencial y la vida, juegan un papel vital en la determinación del "peso" de la metodología que se representa en varios colores del espectro.

La familia *Crystal* está dividida en:

- Transparente (*Crystal Clear*).
- Amarillo (*Crystal Yellow*).
- Naranja (*Crystal Orange*).
- Tejido Naranja (*Crystal Orange Web*).
- Rojo (*Crystal Red*).
- Marrón (*Crystal Maroon*).
- Diamante (*Crystal Diamond*).
- Zafiro (*Crystal Sapphire*).

Todos los métodos Crystal tienen 4 roles:

- Patrocinador ejecutivo (*executive sponsor*).
- Diseñador líder (*lead designer*).
- Desarrolladores (*developers*).
- Usuarios experimentados (*experienced users*).

Crystal recomienda varias estrategias y técnicas para alcanzar la agilidad. Un ciclo de un proyecto *Crystal* consta de:

- *Chartering.*
- *Delivery cycle.*

- *Wrap-up.*

Dynamic Systems Development Methods (DSDM)

Los *Dynamic Systems Development Methods* (DSDM) se publicó inicialmente en 1995 y es administrado por el Consorcio DSDM. Este establece la calidad y el esfuerzo en términos de costo y tiempo desde el principio; también ajusta los entregables del proyecto para cumplir con los criterios establecidos, dando prioridad a las prestaciones en las siguientes categorías de la técnica de priorización MoSCoW:

- "Debe tener" (*Must have*).
- "Debería tener" (*Should have*).
- "Podría tener" (*Could have*).
- "No tendrá" (*Won't have*).

DSDM es un método orientado a sistemas con seis fases distintas:

- Pre-proyecto (*Pre-project*).
- Factibilidad (*Feasibility*).
- Fundamentos (*Foundations*).
- Exploración e Ingeniería (*Exploration and Engineering*).
- Despliegue (*Deployment*).
- Evaluación de beneficios (*Benefit Assessment*).

Una versión posterior de DSDM conocida como DSDM Atern, presentada en el 2007, se enfoca tanto en la priorización de los entregables, como en usuarios consistentes o en colaboración con el cliente. La nueva versión está inspirada por un *Artic Tern*, lo que es un marco de desarrollo de software centrado en el desarrollador para la entrega a tiempo y en el presupuesto de las características del Proyecto relacionadas con el control de calidad y valor para el usuario.

Feature Driven Development (FDD)

Fue introducida en 1997, funciona con el principio de completar un proyecto fragmentándolo en pequeñas funciones valiosas para el cliente que puedan ser entregadas en menos de dos semanas. FDD tiene dos premisas principales:

- El desarrollo de software es una actividad humana.
- El desarrollo de software es una funcionalidad valiosa para el cliente.

Se definen 6 roles principales:

- Gerente de proyecto (*Project Manager*).
- Arquitecto principal (*Chief Architect*).
- Gerente de desarrollo (*Development Manager*).
- Programadores principales (*Chief Programmers*).
- Propietarios de clase (*Class Owners*).
- Expertos en el dominio (*Domain Experts*) con una cierta cantidad de roles de apoyo.

El proceso de FDD es iterativo y consta de un modelo general de desarrollo, entrega una lista de funcionalidades, y luego planea, diseña y construye características.

Test Driven Development (TDD)

Algunas veces es llamado *Test-First Development* (TDD), fue introducido por Kent Beck (uno de los creadores de *Extreme programming*). TDD es un método de desarrollo de software que involucra primero escribir código de prueba y después desarrollar la menor cantidad posible de código para pasar esta prueba.

Las pruebas son escritas basadas en los requerimientos y especificaciones del cliente; las que están diseñadas en la etapa anterior son utilizadas para diseñar y escribir el código de producción. El proyecto se divide en pequeñas características valiosas para el cliente que necesitan ser desarrolladas en un ciclo de desarrollo lo más corto posible. TDD se ha vuelto popular gracias a las numerosas ventajas que ofrece, entre las cuales están los resultados rápidos y seguros, retroalimentación constante y un tiempo reducido de "*debugging*".

TDD se puede clasificar en dos niveles: *Acceptance* TDD (ATDD) que requiere una prueba de aceptación específica y *Developer* TDD (DTDD) que tiene que ver con escribir sólo una prueba de desarrollador.

Adaptive Software Development (ASD)

Los puntos notables del desarrollo adaptativo de software - ASD son la adaptación constante de los procesos para el trabajo a mano, provisión de soluciones a los problemas que surgen en grandes proyectos y un desarrollo iterativo e incremental con un manejo de prototipos continuo.

Dado que es un enfoque de desarrollo capaz de manejar el riesgo y tolerante al cambio, ASD cree que un plan no puede admitir incertidumbres y riesgos ya que esto indica una planeación defectuosa y fallida. ASD está basado en funciones y dirigido por objetivos.

Las fases de desarrollo son:

- Fase de especulación (*Speculate phase*).
- Fase de colaboración (*Collaborate phase*).
- Fase de aprendizaje (*Learn phase*).

Agile Unified Process (AUP)

El Proceso Unificado Ágil es una evolución del *Rational Unified Process* de IBM, combina técnicas ágiles probadas en la industria como TDD, modelado ágil, gestión ágil del cambio y refactorización de bases de datos para entregar un producto funcional de la mejor calidad.

AUP modela sus procesos y técnicas sobre los valores de simplicidad, agilidad, adaptabilidad, autoorganización, independencia de herramientas y se enfoca en las actividades de alto valor.

Las fases de AUP son:

- Comienzo (*Inception*).
- Elaboración (*Elaboration*).
- Construcción (*Construction*).
- Transición (*Transition*).

Domain-Driven Design (DDD)

Es un enfoque de desarrollo ágil pensado para manejar diseños complejos con una implementación ligada a un modelo en evolución. Fue conceptualizado por Eric Evans en el 2004 y gira en torno al diseño de un dominio central. El "Dominio" está definido como un área de actividad a la cual el usuario aplica un programa o funcionalidad. Muchas de estas áreas son agrupadas y un modelo es diseñado. El modelo consta de un sistema de abstracciones que pueden ser usadas para diseñar el proyecto en general y resolver los problemas relacionados con los dominios agrupados.

Los valores principales de DDD son:

- Orientación a dominios.
- Diseño basado en modelos.
- Lenguaje ubicuo (lenguaje común entre los programadores y los usuarios).

- Contexto limitado.

En DDD, el lenguaje ubicuo es establecido y el dominio es modelado, luego le siguen el diseño, desarrollo y las pruebas. La refinación y refactorización del modelo del dominio se realiza hasta que sea satisfactoria.

DevOps

DevOps es un conjunto de prácticas que tienen como principios la colaboración, comunicación e integración entre dos áreas de una organización que comúnmente tienen barreras explícitas o implícitas, cada una de estas áreas persiguiendo objetivos que no se encuentran alineados.

La palabra *DevOps* proviene de unir el nombre de estas dos áreas: *Development* y *Operations*, en donde la primera "Desarrollo", está enfocada y encargada de crear el producto de software y la otra, "Operaciones" tiene como responsabilidad proveer la infraestructura para que el producto este siempre disponible y accesible de forma óptima para los usuarios.

Tabla 4 Desarrollo y operación DevOps

	Función	Objetivo
Dev	Crear	Productividad
Ops	Operar	Disponibilidad

DevOps se puede ver como una filosofía en la se busca que la organización pueda producir software de mayor calidad y de una forma más rápida, y si bien, está totalmente relacionado con las metodologías ágiles, herramientas de monitoreo y automatización, *DevOps* no sólo tiene el enfoque de tecnología, se busca que esta integración y alineación de objetivos sea enfocado a mejorar la competitividad en las organizaciones impactando directamente en el negocio, particularmente considero que en buena medida esto es aplicar Scrum en su máxima expresión (si tú instructor de Scrum era un profesional con experiencia, no sólo un repetidor de presentación).

En el libro *The Phoenix Project* se relata la forma en que un equipo de tecnologías de la información fue cambiando su forma de trabajo para poder rescatar un proyecto que estaba retrasado y sobrepasaba el presupuesto, como parte de la estrategia utilizada se hablan sobre 3 vías que han sido adoptadas por la cultura *DevOps*.

- Entender el sistema como un todo.
- Incrementar el retroalimentación.
- Experimentación y aprendizaje continuo.

La primera, entender el sistema como un todo, requiere que el equipo conozca y reconozca el sistema completo que se está desarrollando, que se tenga una visión global, para que la persona encargada de realizar una tarea específica sepa cómo influye en todo el sistema, es muy relevante la comunicación y cooperación.

La segunda, Incrementar la retroalimentación, con el fin de reducir el nivel de incertidumbre en el sistema es importante tener canales de retroalimentación en los diferentes modelos del sistema, es decir, poder monitorear, recolectar y analizar información generada, que puede ser desde la experiencia de los usuarios al interactuar con la plataforma, hasta el rendimiento de la infraestructura del sistema, para poder mejorar hay que medir / comparar.

La tercera, experimentación y aprendizaje continuo, relacionada totalmente con las dos anteriores, busca que se cambie el paradigma de dejar un sistema estático cuando se encuentra funcionando, las personas involucradas deben adquirir una visión dinámica que promueva la mejora continua, permitiendo una evolución del sistema, siempre listo para adaptaciones y demandas del negocio.

Si bien, *DevOps* es un conjunto de prácticas de corte técnico, debe verse siempre orientado al negocio, a continuación se mencionan herramientas que ayudan a los procesos mencionados, pero no se debe perder el sentido de que son sólo eso (herramientas), la cultura de *DevOps* se alinea con lo que menciona el Manifiesto Ágil: "Individuos e Interacciones sobre procesos y herramientas".

Con el creciente uso de los servicios en la nube (*cloud*), es importante recordar estos tres conceptos:

- IaaS (Infraestructura como servicio): se provee de recursos informáticos cloud como redes, servidores, bases de datos, entre otros.
- PaaS (Plataforma como servicio): entornos basados en nube listos para ejecutar aplicaciones, el proveedor administra los recursos necesarios.
- SaaS (Software como servicio): el proveedor proporciona acceso web o API (*Application Programming Interfaces* - Interfaz de programación de aplicaciones) para que los clientes puedan acceder al software.

Existen diversas compañías que ofrecen estos servicios en la nube, como Amazon Web Services (AWS), Google Cloud, Microsoft Azure, IBM Cloud y Alibaba Cloud, entre otras, que además ofrecen herramientas de automatización.

Existen herramientas que su finalidad es tener la infraestructura como código para automatizar las configuraciones, algunas de ellas son: Ansible, Chef y Puppet.

Para integración y entrega continua hay herramientas, servicios tales como Jenkins, Travis CI y Bamboo, por mencionar algunos.

Para el monitoreo de recursos informáticos existen los *Application Performance Monitoring and Management*, como *App Dynamic* o *New Relic* como *SaaS*.

En general, existen diversas herramientas que pueden resultar útiles, pero es importante que cada organización detecte lo que le es realmente útil para mejorar sus procesos y tener claro que la automatización por sí misma no es el fin sino, parte de las herramientas para nuestro negocio.

DevOps no es algo que se pueda imponer, se debe de ir adoptando por el equipo, pero esto ayuda a incrementar el conocimiento y la confianza entre los distintos equipos.

Gestión de proyectos tradicional vs ágiles

*"**Mandela**: You criticize without understanding. You seek only to address your own personal feelings. That is selfish thinking, Zindzi. It does not serve the nation...."*

Invictus

En la segunda mitad del siglo pasado se llevó a cabo la gestión de proyectos, muchas veces pensando que los mismos no tendrían ajustes o cambios, o que el tiempo y los recursos humanos y financieros eran elásticos; el efecto fue el fracaso de muchos proyectos.

Desde finales de los 1970 había ya procesos ágiles detectados por ingenieros o especialistas del software quienes identificaron que los usuarios son lo más importante que tenemos, ya que ellos son quienes nos contratan o asignan presupuestos, contrario a lo que los inexpertos de la informática del mundo real decían: "los usuarios son cavernícolas". Cada perfil profesional es experto en lo que conoce, pero no debe y es complicado que conozca de todo.

Una de las labores que tenemos como personal de informática o sistemas es apoyar a entender a los usuarios en términos sencillos, el cómo la tecnología le aportará valor a su proceso de negocio, con el objetivo de disminuir la percepción de que los ingenieros, informáticos y afines somos extraterrestres por la poca capacidad de comunicación o traducción que hacemos de la tecnología a los usuarios.

Una vez que este grupo de ingenieros vieron que dar valor al usuario y aceptar cambios de los usuarios era lo mejor para un proyecto, generaron un manifiesto conocido como el *Manifiesto ágil* (puedes consultarlo en http://www.agilemanifiesto.org), éste facilitó que los proyectos se ejecutaran en un mejor tiempo y apreciación para los usuarios.

Tabla 5 Comparación entre metodologías ágiles y enfoque histórico tradicional

	Metodologías ágiles	Enfoque tradicional (Project Management)
Centrado en	Personas	Procesos
Forma de mantener al cliente al tanto	Entregas parciales funcionales	Documentación
Estilo de desarrollo	Iterativo	Lineal
Planeación	Relajada, abierta al cambio en todo momento	Estricta y hecha por adelantado
Priorización basada en	Aportar valor al negocio	Cumplir con el plan establecido
Forma de trabajo del equipo	Auto organizada	Controlada y supervisada por la dirección de proyectos
Estilo de gestión	Descentralizada	Centralizada
Adaptabilidad al cambio	Alta, constantemente se va actualizando la planeación	Baja, se debe pasar por un sistema formal de control de cambios
Tipo de liderazgo	Colaborativo, busca ser un facilitador para el equipo	Autoritario, dicta y dirige la forma de trabajo que deberá cumplir el equipo
Involucración del cliente	Alta durante todo el proyecto	Varía de acuerdo con el ciclo de vida del proyecto
Tipo de entrega	Parciales durante todo el proyecto	Unica al finalizar el proyecto

Manifiesto ágil

En febrero del 2001, un grupo de 17 gurús de la informática, desarrolladores de software y administradores se reunieron para discutir los métodos de desarrollo de software de peso ligero. Formaron el *Agile Alliance* y las deliberaciones de esas reuniones más tarde dieron lugar al *Manifesto for Agile Software Development.*

El manifiesto fue escrito por Fowler y Highsmith (2001) y luego fue firmado por todos los participantes para establecer los lineamientos básicos para cualquier metodología Agile.

El propósito de *The Agile Manifesto* (2001) fue distribuido de la siguiente manera:
- Estamos descubriendo mejores formas de desarrollar software haciendo y ayudando a que otros lo hagan. A través de este trabajo hemos llegado a valorar:

- Los individuos y las interacciones deben ser más importantes sobre procesos y herramientas.
- Software que trabaje sobre documentación completa.
- Colaborar con el cliente más que negociar contratos.
- Responder al cambio más que seguir un plan estricto y rígido.

El Manifiesto Ágil, explica que aunque los procesos y las herramientas ayudan a completar con éxito un proyecto, son los personajes o personas que se dedican, participan, determinar qué procesos y herramientas se han de utilizar e implementar en un proyecto.

Los principales en cualquier proyecto son, por lo tanto, los individuos, por lo que el énfasis debe estar en ellos y sus interacciones, en lugar de poner énfasis en procesos y herramientas complicadas.

En cuanto a la premisa de software de buen rendimiento sobre la documentación detallada, indica que aunque la documentación es necesaria y útil para cualquier proyecto, pero muchos equipos se centran demasiado en la recopilación y el registro de las descripciones cualitativas y cuantitativas de los entregables cuando el valor real que se le entrega al cliente es en forma de un software de buen rendimiento.

Por ende, el enfoque ágil se encuentra en la entrega de un software de buen funcionamiento incremental a lo largo del ciclo de vida del producto o en lugar de la documentación detallada.

Colaboración con el cliente sobre la negociación del contrato: tradicionalmente, los clientes han sido vistos como participantes exteriores que están envueltos sólo al inicio y al final del ciclo de vida del producto y cuyas relaciones se basaban en contratos y el cumplimiento de estos. Agile cree en un enfoque de valor compartido en el que los clientes son vistos como colaboradores. El equipo de desarrollo y el cliente trabajan juntos para evolucionar y desarrollar el producto.

Por otro lado, poder responder al cambio en vez de seguir un plan: en el mercado actual en donde los requisitos del cliente, las tecnologías disponibles y los patrones de negocio están cambiando constantemente, hace esencial abordar el desarrollo de productos de una manera adaptativa que permita la incorporación de cambios y ciclos de vida de desarrollo de productos de forma rápida, en lugar de enfatizar el concepto de seguir planes que fueron creados quizás con datos obsoletos.

Principios de Agile Manifiesto

Los 12 principios del Manifiesto Ágil son los siguientes:

1. Nuestra máxima prioridad es satisfacer al cliente a través de la entrega temprana y continua de un software de gran utilidad.
2. Darle la bienvenida a requisitos cambiantes en el desarrollo. Los procesos ágiles aprovechan el cambio y lo transforman en una ventaja competitiva para el cliente.
3. Entregar software de buen funcionamiento con frecuencia, a partir de un par de semanas a un par de meses, con una preferencia por el tiempo más corto.
4. La gente de negocios y los desarrolladores deben trabajar juntos todos los días durante todo el proyecto.
5. Construir proyectos alrededor de individuos motivados, darles el entorno y el apoyo que necesitan y confiar en ellos para hacer el trabajo.
6. El método más eficiente y eficaz de comunicación con y dentro de un equipo de desarrollo es cara a cara.
7. Un software funcional es la medida de progreso principal.
8. Los procesos ágiles promueven el desarrollo sostenible. Los patrocinadores, desarrolladores y usuarios deben ser capaces de mantener un ritmo constante de forma indefinida.
9. La atención continua a la excelencia técnica y el buen diseño mejora la agilidad.
10. Simplificar el arte de maximizar la cantidad de trabajo no realizado, es esencial.
11. Las mejores arquitecturas, requisitos y diseños emergen de equipos autoorganizados.
12. En intervalos regulares, el equipo reflexiona sobre cómo ser más eficaz, y con base en ello ajusta su comportamiento.

Scrum

A mediados de la década de los 1980, Hirotaka Takeuchi y Ikujiro Nonaka definieron una estrategia de desarrollo de producto flexible e incluyente en la que el equipo de desarrollo trabaja como una unidad para alcanzar un objetivo común. Takeuchi y Nonaka describieron un enfoque innovador para el desarrollo de producto llamado un enfoque holístico o "rugby: donde un equipo intenta llegar hasta el final como una unidad, pasando el balón hacia atrás y adelante." (*where a team tries to go the distance as a unit, passing the ball back and forth*). Ellos basaron su enfoque en los estudios de casos de diversas industrias de fabricación.

Ken Schwaber y Jeff Sutherland elaboraron el concepto de Scrum y su aplicabilidad al desarrollo de software durante una presentación en la conferencia *Object-Oriented Programming, Systems, Languages y Applications (OOPSLA)* en 1995 en Austin, Texas.

Desde entonces, varios practicantes, expertos y autores de Scrum han seguido perfeccionando la conceptualización y metodología de Scrum. En los últimos años, Scrum ha aumentado en popularidad y ahora es la metodología de desarrollo de proyectos preferida por muchas organizaciones a nivel mundial, puesto que es un método adaptativo, iterativo, rápido, flexible y eficaz, diseñado para ofrecer un valor significativo de forma rápida en todo el proyecto.

Scrum garantiza transparencia en la comunicación y crea un ambiente de responsabilidad colectiva y de progreso continuo. El marco de Scrum, tal como se define en la Guía SBOK, está estructurado de tal manera que es compatible con los productos y el desarrollo de servicios en todo tipo de industrias y en cualquier tipo de proyecto, independientemente de su complejidad. (ScrumStudy, 2016).

Principios de Scrum

1. Control del Proceso Empírico. Este principio pone de relieve la filosofía central de Scrum con base en las tres ideas principales de transparencia, Inspección y Adaptación.

2. Auto organización. Este principio se centra en los trabajadores de hoy, que entregan un valor significativamente mayor cuando son auto organizados, lo cual determina la formación de equipos con un gran sentimiento de compromiso y responsabilidad; a su vez, esto produce un entorno innovador y creativo que es más propicio para el crecimiento.

3. Colaboración. Este principio se centra en las tres dimensiones básicas relacionadas con el trabajo colaborativo: conciencia, articulación y apropiación. También aboga por la gestión de proyectos como un proceso de creación de valor compartido con los equipos de trabajo e interacción conjunta para ofrecer el mayor valor.

4. Priorización basada en el valor. Este principio pone de relieve el enfoque de Scrum para ofrecer el máximo valor de negocio, desde el principio del proyecto hasta su conclusión.

5. Tiempo determinado (time-box). Este principio describe cómo el tiempo se considera una restricción limitante en Scrum, y cómo se utiliza para ayudar a manejar eficazmente la planificación y ejecución del proyecto. Los elementos de time-box en Scrum son Sprints, Reunión Diaria, Reunión de Planificación de los Sprints y Reunión de Revisión de los Sprints.

6. Desarrollo Iterativo. Este principio define el desarrollo iterativo y enfatiza cómo manejar mejor los cambios y cómo crear productos que satisfagan las necesidades del cliente. También delinea las responsabilidades del Product Owner y las de la organización relacionadas con el desarrollo iterativo.

Los principios de Scrum se pueden aplicar a cualquier tipo de proyecto en cualquier organización y se deben mantener con el fin de garantizar la aplicación efectiva del marco de Scrum. Los principios Scrum no son negociables y deben aplicarse como se especifica en la Guía SBOK.

El mantener los principios intactos y usarlos apropiadamente infunde confianza en el marco de Scrum con respecto a la consecución de los objetivos del proyecto. Sin embargo, los aspectos y procesos de Scrum pueden ser modificados para cumplir con los requisitos del proyecto o la organización.

Aspectos de Scrum

Los aspectos de Scrum se deben abordar y gestionar a lo largo de un proyecto Scrum. Los cinco aspectos de Scrum son:

1. Organización
2. Justificación de Negocio
3. Calidad
4. Cambio
5. Riesgo

Roles de Scrum

Los roles de Scrum se dividen en dos categorías:

- Roles esenciales: son los papeles que obligatoriamente se requieren para producir el Producto, estos papeles están comprometidos con el proyecto y, por último, son los responsables del éxito de cada Sprint del proyecto y del proyecto en sí.
- Roles no esenciales: son las funciones que no son obligatoriamente necesarias para el proyecto Scrum; pueden incluir miembros de los equipos que están interesados en el proyecto, pero no tienen ningún papel formal en el equipo del mismo. Ellos pueden interactuar con el equipo, pero no son responsables del éxito del proyecto. Los Roles no Esenciales también deben tenerse en cuenta en cualquier proyecto de Scrum.

Roles esenciales (*core*)

- *Product Owner*: es responsable de asegurar una comunicación clara sobre el Producto y/o los requisitos de funcionalidad de servicios con el Equipo de Scrum, al igual que definir el Criterio de Aceptación y de asegurar que se cumplan esos criterios. En otras palabras, es responsable de asegurar que el Equipo de Scrum ofrezca valor. El *Product Owner* siempre debe mantener una visión dual. También debe entender y apoyar las necesidades e intereses de todos los *stakeholders*, mientras que comprenden las necesidades y el funcionamiento del Equipo de Scrum. De la misma forma que está el papel de *Product Owner* en un proyecto, podría haber un *Producto owner* de programa o un *Product Owner* de Portafolio.

- Scrum Master: es un facilitador que asegura que el Equipo de Scrum esté dotado de un ambiente propicio para completar con éxito el desarrollo del producto. El Scrum Master guía, facilita y les enseña prácticas de Scrum a todos los involucrados en el proyecto, elimina los impedimentos que enfrenta el equipo y asegura que se estén siguiendo los procesos de Scrum. Tenga en cuenta que el papel del Scrum Master es muy diferente a la función desempeñada por el director de proyecto en un modelo de cascada tradicional de gestión de proyectos, en la que el director de proyecto trabaja como gerente o líder del mismo. El Scrum Master sólo funciona como un facilitador y está en el mismo nivel jerárquico que cualquier otra persona en el equipo de Scrum, es decir, cualquier personal del equipo de Scrum que aprenda a facilitar proyectos con esta metodología puede convertirse en el Scrum Master de un proyecto o Sprint.
- Equipo de Scrum: es un grupo o equipo de personajes o personas que son responsables de la comprensión de los requerimientos de negocio especificados por el *Product Owner*, la estimación de historias de usuarios y la creación final de los entregables del proyecto.

Roles no esenciales

- *Stakeholder*: son personas en general, internos o externos, que están interesadas en el desarrollo del proyecto.
- Cliente: es la persona o la organización que adquiere el producto, servicio o cualquier otro resultado. Para cualquier organización, dependiendo del proyecto, no puede haber dos clientes internos.
- Usuario: es el individuo o la organización que utiliza directamente el producto o servicio.
- Patrocinador: es la persona o la organización que provee recursos y apoyo para el proyecto. El patrocinador es

también el *Stakeholder*, a quien todos le deben rendir cuentas al final.

El ciclo de Scrum comienza con una reunión con el Stakeholder, durante la cual se crea la visión del proyecto. Después se desarrolla el *Prioritized Product Backlog*, que contiene una lista de prioridades de los requisitos empresariales y del proyecto por escrito en forma de historias de usuario.

Cada sprint comienza con una Reunión de Planificación de Sprint. Por lo general, cada uno de los sprints dura entre una y seis semanas, y consiste en que el equipo de scrum trabajará para crear material para su envío o incrementos del producto.

Durante la reunión diaria los miembros del equipo discuten los progresos del día a día. Hacia el final del sprint se celebra otra reunión, durante la cual se hace una demostración y las entregas pertinentes, el *Product Owner* acepta los resultados sólo si cumplen con los criterios de aceptación predefinidos.

El sprint termina con una reunión de retrospectiva del sprint en la que el equipo habla sobre las formas de mejorar los procesos y los resultados del mismo para el siguiente sprint.

Procesos de Scrum

Los procesos de Scrum abordan las actividades y el flujo específico de un proyecto Scrum. En total hay diecinueve procesos que se agrupan en cinco fases:

1. Inicio:
    a. Crear la visión del proyecto.
    b. Identificar al *Stakeholder* y al Scrum Master.
    c. Formar el equipo de scrum.
    d. Desarrollar épicas.
    e. Crear el *Prioritized Product Backlog*.
    f. Realizar planificación de versiones.
2. Planificación y estimación.
    a. Crear historias de usuario.

b. Aprobar, estimar y compartir historias de usuario.
c. Crear tareas.
d. Estimar tareas.
e. Crear el Sprint backlog.
3. Implementación.
a. Crear entregables.
b. Conducir la reunión diaria.
c. Adecuar el backlog priorizado .
4. Revisión y retrospectiva.
a. Reunión scrum de scrums (si es el caso).
b. Demostrar y validar sprint.
c. Retrospectiva de sprint.
5. Liberación.
a. Entregables.
b. Retrospectiva del proyecto.

Algunas de las ventajas principales de la utilización de Scrum en cualquier proyecto son:

- Adaptabilidad: el control del proceso empírico e entrega iterativa hacen que los proyectos sean adaptables y abiertos a la incorporación del cambio.
- Transparencia: todos los radiadores de información tal como una tabla de scrum y gráfico del trabajo consumido del sprint son compartidos, lo que lleva a un ambiente de trabajo abierto.
- Centrado en el cliente: el poner énfasis en el valor del negocio y tener un enfoque de colaboración con los stakeholders asegura un marco orientado al cliente.
- Entorno de alta confianza: los procesos de realizar un standup diario y retrospectiva del sprint promueven transparencia y colaboración, dando lugar a un ambiente de trabajo de alta confianza y asegurando así una baja fricción entre los empleados.
- Ritmo sostenible: los procesos scrum están diseñados de tal manera que los personajes o personas involucrados pueden trabajar a un paso cómodo que, en teoría, se puede continuar indefinidamente.
- Entrega anticipada de alto valor: el proceso de crear la lista de pendientes del producto asegura que los requisitos de mayor valor del cliente sean los primeros en cubrirse.

- Proceso de desarrollo eficiente: el time-box y la reducción al mínimo de trabajo que no es esencial conduce a mayores niveles de eficiencia.
- Retroalimentación continua: se proporciona a través de los procesos llamados realizar un *standup* diario y demostrar y validar el sprint.
- Mejora continua: los entregables se mejoran progresivamente sprint por sprint a través del proceso mantenimiento priorizado de los pendientes del producto.
- Entrega continúa de valor: los procesos iterativos permiten la entrega continua de valor tan frecuentemente como el cliente lo requiere a través del proceso embarque de entregable.
- Motivación: los procesos de realizar un *standup* diario y retrospectiva del sprint conducen a mayores niveles de motivación entre los empleados.
- Resolución de problemas de forma más rápida: colaboración y colocación de equipos multifuncionales conducen a la resolución de problemas con mayor rapidez.
- Entregables efectivos: el proceso de crear la lista de pendientes del producto y/o revisiones periódicas después de la creación de entregables asegura entregas efectivas para el cliente.
- Responsabilidad colectiva: el proceso de aprobación y estimación de las historias de usuarios permite que los miembros del equipo se sientan responsables del proyecto y su trabajo resultando en una mejor calidad.
- Alta velocidad: un marco de colaboración que le permite a los equipos multifuncionales altamente cualificados alcanzar su potencial y alta velocidad.
- Medio ambiente innovador: los procesos retrospectiva del sprint y retrospectiva del proyecto crean un ambiente de introspección, aprendizaje y capacidad de adaptación que lleva a un entorno de trabajo innovador y creativo.

Fundamentos de ITIL

"-¿Crees en los usuarios?
- Si claro, si no tengo un usuario entonces ¿Quién me programó?..."

Tron

Para los propósitos de esta referencia incluimos los tópicos relevantes para el desarrollo de software, para ahondar en el tema de forma global, se sugiere revisar más fuentes; para el desarrollo de proyectos y en particular de software, la mejora de servicios siempre surge a partir de los proyectos y de la necesidad de un cliente, por esta razón la Biblioteca de Infraestructura de Tecnologías de Información (*Information Technology Infrastructure Library* - ITIL) se integra al presente documento.

ITIL es un conjunto de conceptos y buenas prácticas para la gestión de servicios de TI, es el enfoque de gestión de servicios de TI más ampliamente aceptado en el mundo, brinda orientación a los proveedores de servicios sobre sus capacidades necesarias para entregar servicios de TI de calidad.

ITIL fue publicado como un conjunto de libros, cada uno dedicado a un área específica dentro de la Gestión de TI, lo cuales son:
- Estrategia de servicio.
- Diseño de servicio.
- Transición del servicio.
- Operación del servicio.
- Mejoramiento continuo del servicio.

Al implementar ITIL en una organización se logra alinear los servicios de TI con las necesidades de la empresa actuales y futuras, mejorando dichos servicios y reduciendo los costos de proveedores de TI. Además de ayudar a maximizar la calidad de los servicios que se ofrecen, obteniendo una visión clara de la capacidad del área de TI, facilitando la toma de decisiones de acuerdo con indicadores de negocio.

Las ventajas que ofrece ITIL para los clientes y usuarios son las siguientes:

- Neutral hacia proveedores (cualquier tipo de organización).
- Mantener y mejorar la comunicación con el cliente y usuarios finales.
- Los servicios son orientados a las necesidades del cliente.
- Obtención de una mayor flexibilidad y adaptabilidad de los servicios.
- Buenas prácticas, es decir experiencias de aprendizaje y pensamiento de liderazgo de los mejores proveedores de servicios a nivel mundial.

Servicios

Un servicio es un "medio para entregar valor a los clientes, facilitando los resultados que quieren lograr sin la propiedad de los costos y riesgos específicos" (Bon, 2008).
Contar con servicios de calidad en el mercado actual es cada vez más complejo por la diversidad de las plataformas y el volumen de las infraestructuras necesarias para soportarlos, es por ello que es un gran diferenciador que los administradores de proyecto conozcan ITIL, ya que ayuda a mejorar la calidad de los servicios ofrecidos y así ser más atractivos para los clientes.

Un elemento clave a considerar en este apartado son los colaboradores de la organización, ya que son las personas que hacen posible que las tecnologías se conviertan en un servicio de calidad para la organización y sus clientes, los servicios requieren de un trabajo que no necesariamente el usuario final ve y se requiere de un equipo de trabajo bien estructurado y comprometido con las necesidades del cliente para conseguir que los servicios cumplan con las condiciones de disponibilidad y calidad requeridas.

A partir de ello ITIL se enfoca en las personas y en el trabajo en equipo para lograr presentar el máximo valor al cliente por medio de los servicios ofrecidos.
Para mejorar cada uno de los servicios ofrecidos primero se deben identificar qué tipo de servicio se maneja en una organización, los servicios se pueden clasificar en:

- Servicio base: cimienta la propuesta de valor para el cliente además de proporcionar las bases para su utilización y satisfacción continúa.
- Servicio habilitante: son servicios necesarios para que un servicio base sea entregado, no son percibidos necesariamente por el cliente como servicios.
- Servicio complementario: son servicios que se agregan al servicio base para hacerlo más atractivo al cliente, este tipo de servicios no son esenciales para la entrega de un servicio base.
- Una vez identificados los tipos servicio se debe definir cuáles son internos y cuales son externos.
- Servicio interno: entregado entre los departamentos o unidades de negocio en la misma organización.
- Servicio externo: entregados a clientes externos.

Valor de un servicio

Para las organizaciones proveedoras de servicios es necesario definir qué es un buen servicio para poder enfocar los esfuerzos hacia la satisfacción del cliente.

Los clientes no compran servicios; ellos compran la satisfacción de una necesidad particular.
Es importante mencionar que lo que el cliente valora es diferente de lo que la organización de TI cree que está entregando, el valor radica en lo que el servicio le permite lograr al cliente.

Desde la perspectiva del cliente los elementos principales del valor de un servicio son:
- Utilidad: se trata de lo que hace el servicio, atributos de un servicio que mejoran el desempeño o eliminan o reducen restricciones de los activos del cliente.
- Garantía: se trata de cómo se entrega el servicio al cliente, seguridad de que los objetivos de desempeño están siendo cumplidos.

El valor de un servicio de TI se crea por la combinación de utilidad y garantía, es decir los servicios de deben cumplir con su cometido y hacerlo bien en todos los aspectos.

De este modo el valor del servicio queda definido por tres elementos fundamentales:

- Resultados obtenidos para el negocio.
- Los requerimientos del cliente.
- La percepción del cliente hacia el servicio recibido.

Activos de un servicio

Los activos de un servicio son los recursos y capacidades que utiliza la organización para crear ya sea productos o servicios y se dividen de la siguiente manera:

Las capacidades están orientadas a las habilidades desarrolladas a lo largo del tiempo para transformar los recursos en valor.
Los recursos se pueden considerar como la materia prima para la presentación de un servicio.
Las capacidades por si solas no podrían aportar valor a falta de recursos, es por esos que las organizaciones de TI buscan un equilibrio entre los activos de servicios.
Un servicio de consultoría de TI dependería principalmente de la información y el conocimiento para aportar valor al cliente, sin estos dos elementos los resultados no aportarán el valor buscado por el cliente.

Ilustración 3 Capacidades y recursos en ITIL.

Gestión de servicios

Uno de los conceptos importantes a tomar en cuenta dentro de ITIL para la administración de proyectos es la Gestión de Servicios que se refiere al conjunto de capacidades especializadas de la organización para proveer valor a los clientes en forma de servicios.

La gestión de servicios de TI propuesta por ITIL, está estructurada considerando el ciclo de vida del servicio desde su diseño hasta su entrega, tomando en cuenta cada uno de los libros de los cuales se compone ITIL:

- Estrategia del servicio: establece la dirección al identificar, adoptar e implementar un enfoque consistente, propone tratar la gestión de servicios no sólo como una capacidad sino como un activo estratégico.
- Diseño del servicio: el propósito de este libro es diseñar servicios de TI, junto con las prácticas de gobierno de TI, procesos y políticas para hacer realidad la estrategia del proveedor de servicios.
- Transición del servicio: provee de una guía para el desarrollo y mejora de las capacidades para transicional servicios nuevos y modificados a operaciones.

- Operación del servicio: provee una guía para obtener eficiencia y efectividad en la entrega y soporte de los servicios y así asegurar valor al cliente.
- Mejora continua del servicio: proporciona una guía para la creación y mantenimiento del valor para los clientes a través de un mejor diseño.

Es importante mencionar que ITIL señala una distinción entre funciones y procesos.

Una función es una unidad especializada en la realización de una cierta actividad y es responsable de su resultado.

Un proceso es un conjunto de pasos interrelacionados orientados a cumplir un objetivo en específico.

En otras palabras la unidad tiene que ver con esquemas organizativos, mientras que los procesos tienen que ver con las actividades necesarias para cumplir una meta.

Fundamentos de COBIT 5

La información es actualmente uno de los recursos más valiosos dentro de una organización ya que se crea, usa, retiene, distribuye y destruye, todo con el fin de alcanzar las metas establecidas, es aquí donde el marco de los Objetivos de Control para Información y Tecnologías Relacionadas (*Control Objectives for Information and related Technology* - COBIT) aporta valor.

El objetivo de COBIT es proporcionar a los propietarios de los procesos de gestión y negocios un modelo de gobierno o gobernanza de la tecnología de la información (TI) que ayude a entregar valor de TI y comprender y gestionar los riesgos asociados.

COBIT procura apoyar a disminuir las brechas entre los requisitos de negocio, las necesidades de gestión y los riesgos técnicos. Es un modelo de control para satisfacer las necesidades del gobierno de TI y garantizar la integridad de los sistemas de información y de información.
Algunos de los beneficios de COBIT (versión 5) para el desarrollo de software es que facilita el tomar en cuenta la seguridad de la información durante todo el proceso, de manera operativa y de evaluación y auditoria.

El marco de COBIT 5 facilita la creación de valor a partir de las TI, al crear un equilibrio entre la realización de beneficios y la optimización de los niveles de riesgo y utilización de los recursos, los principios y habilitadores de COBIT 5 son genéricos y útiles para las organizaciones de cualquier tamaño, bien sean comerciales o sin fines de lucro.

El principal influenciador de COBIT 5 es la creación de valor a través del uso efectivo e innovador de las tecnologías de la información. Ante todo es un "marco de negocios" con una visión de arriba hacia abajo respecto a las necesidades de negocio que crean una cascada de metas, proporciona un lenguaje común para el gobierno de la empresa y gestión de TI.

Las organizaciones logran construir un marco efectivo de Gobierno y Administración a partir de los cinco principios basados en siete habilitadores, que optimizan la inversión en tecnología e información así como su uso en beneficio de las partes interesadas.

Principios de COBIT 5

- Satisfacer las necesidades de las partes interesadas: este principio establece que todas las organizaciones existen para crear valor para sus partes interesadas, el sistema de Gobierno debe considera a todas las partes interesadas para poder tomar decisiones con respecto a la evaluación de riesgos, los beneficios y el manejo de recursos. Además permite definir las prioridades para implementar y asegurar el gobierno corporativo de las TI, con base en los objetivos de la organización y los riesgos relacionados.
- Cubrir la organización de extremo a extremo: COBIT 5 cubre todas las funciones y los procesos dentro de la organización, no solamente se concentra en la función de las TI, sino trata las tecnologías de la información y relacionadas como activos que necesitan ser manejados como cualquier otro activo, por todos en la Organización.
- Aplicar un marco de referencia único integrado: COBIT 5 está alineado con los últimos marcos y normas relevantes usados por las organizaciones, a nivel corporativo: COSO, COSO ERM, ISO/IEC 9000, ISO/IEC 31000; y relacionado con TI: ISO/IEC 38500, ITIL, ISO/IEC 27000, TOGAF, PMBOK/ PRINCE2, CMMI, entre otros.
- Hacer posible un enfoque holístico: un gobierno y gestión de las TI de la empresa efectivo y eficiente requiere de un enfoque holístico que tenga en cuenta varios componentes interactivos. COBIT 5 define un conjunto de catalizadores para apoyar la implementación de un sistema de gobierno y

gestión global para las TI de la empresa. El marco de trabajo COBIT 5 define siete categorías de catalizadores:

- o Principios, políticas y marcos de trabajo.
- o Procesos.
- o Estructuras organizativas.
- o Cultura, ética y comportamiento.
- o Información.
- o Servicios, infraestructuras y aplicaciones.
- o Personas, habilidades y competencias.

- Separar el gobierno de la gestión: el marco de COBIT 5 plasma una distinción muy clara entre el Gobierno y la Administración.

COBIT 5 ayuda a diferenciar las responsabilidades del Gobierno y la administración para así poder lograr las metas organizacionales.

- El gobierno es quien se asegura el logro de los objetivos de la organización, al evaluar las necesidades de las partes interesadas, así como las condiciones y opciones; fijando normas al establecer prioridades y tomar decisiones. En la mayoría de las organizaciones el gobierno es responsable de la Junta Directiva.
- La administración planifica, construye, ejecuta y monitorea las actividades conforme a las normas fijadas por el Gobierno para lograr los objetivos de la organización. En la mayoría de las organizaciones, la administración es responsable de la gerencia ejecutiva, bajo el liderazgo del director general.

Habilitadores de COBIT 5

Principios, políticas y marcos de referencia

Los propósitos en este habilitador son:

- Trasmitir la dirección e instrucciones de los cuerpos de gobierno y dirección.
- Comunicar las reglas de la corporación.
- Soportar los objetivos de gobierno y valores de la corporación definidos por el consejo y dirección ejecutiva.

Los principios deben ser limitados en número y expresar claramente los valores de la empresa, mientras que las políticas son una guía más detallada para llevar a la práctica los principios. Un marco de referencia de políticas que describa:

- Alcance y validez.
- Consecuencias por fallar en el cumplir de la política.
- Formas de manejar las excepciones.
- Formas en la cual una política se mide y verifica.

Procesos

Un proceso es un "conjunto de prácticas influenciadas por las políticas y procedimientos corporativos que toman entradas de un número de fuentes (incluyendo otros procesos), manipulan las entradas y producen salidas" (ISACA, 2012).

COBIT 5 detalla 37 procesos en 5 dominios, la definición y estructura de proceso está basada en el ISO 15504.

Estructuras organizativas

Buenas prácticas de estructuras organizativas

- Principios operacionales: Los acuerdos prácticos relacionados con la forma como la estructura operará, la frecuencia de las reuniones, la documentación y otras reglas.
- Alcance de control: Las fronteras de los derechos de decisión de la estructura organizacional.
- Nivel de autoridad: Las decisiones que la estructura está autorizada a tomar.
- Delegación de autoridad: Cómo los derechos para tomar decisiones son delegadas a otras estructuras que le reportan.
- Procedimientos de escalamiento: Acciones requeridas en caso de problemas en la toma de decisiones.

Cultura, ética y comportamiento

Las buenas prácticas para crear y mantener un comportamiento deseado en toda la empresa incluye:

- Comunicación del comportamiento deseado y valores de la organización.
- Generar conciencia del comportamiento deseado, reforzando por el ejemplo de la dirección.
- Incentivar para mantener y prevenir para reforzar el comportamiento deseado.
- Reglas y normas ligando claramente principios y políticas.

Información

El catalizador información considera toda la información relevante para la empresa, no sólo la información automatizada. La información puede ser considerada como una etapa dentro del "ciclo de la información" de una empresa. Dentro del ciclo de la información los procesos de negocio generan y procesan datos, transformándolos en información y conocimiento, y en última instancia generando valor para la empresa (ISACA, 2012).

Servicios, Infraestructura y Aplicaciones

Los principios de arquitectura son sobretodo guías para gobernar la implementación y uso de los recursos relacionados con TI dentro de la organización, las buenas prácticas en este habilitador son (ISACA, 2012):

- Reúso: Componentes comunes de arquitectura deben de ser utilizados al diseñar e implementar las soluciones como parte del objetivo de transición de arquitecturas.
- Comprar vs Construir: Las soluciones deberán ser adquiridas a menos que haya una razón aprobada por su desarrollo interno.
- Simplicidad: La arquitectura empresarial deberá de ser tan simple como sea posible mientras se cumpla con los requerimientos de la empresa.
- Agilidad: La arquitectura empresarial debe de ser ágil para cumplir con las necesidades cambiantes de la organización de manera efectiva y eficiente.
- Apertura: La arquitectura empresarial deberá de apalancarse en estándares abiertos de la industria.

Gente, habilidades y competencias

Al definir los requerimientos de habilidades objetivos para cada rol:

- A través de diferentes niveles de habilidades en diferentes categorías de habilidades.
- Las categorías de habilidades correspondientes con actividades comprometidas a las relaciones con TI.
- La definición de la habilidad necesaria para cada nivel y categoría.

Los modelos de madurez (MM) en COBIT se crearon por primera vez en el año 2000, utilizando como referencia la escala del modelo original de Capacidad y Madurez (CMM), adicionando un nivel, el cero, como se muestra a continuación:

- Nivel 0: inexistente
- Nivel 1: Inicial / ad hoc
- Nivel 2: repetible pero intuitivo
- Nivel 3: Proceso definido
- Nivel 4: administrado y medible
- Nivel 5: optimizado

El uso de esta escala es la única relación con CMM, ya que se consideró que el enfoque CMM, diseñado para entornos rigurosos de desarrollo de software, no era apropiado para COBIT donde el enfoque es a nivel estratégico y se centra en procesos de gestión de TI de alto nivel .

El objetivo de los MM de COBIT es proporcionar una herramienta de gestión que permita la evaluación comparativa y la focalización de los niveles de madurez del proceso deseados y fomentar la mejora del proceso a través del análisis de brechas.
Aunque se siguieron los conceptos del enfoque CMM, la implementación COBIT difiere considerablemente de la CMM original, que se orientó hacia principios de ingeniería de software, organizaciones que luchan por la excelencia en estas áreas y evaluación formal de niveles de madurez para que los desarrolladores de software puedan ser 'certificados' ;

Se creó una definición genérica para la escala COBIT MM, que es similar a CMM pero se interpreta por la naturaleza de los procesos de COBIT. Luego se desarrolló un modelo específico a partir de esta escala genérica para cada uno de los 34 procesos de COBIT. También se desarrolló una escala genérica de atributos de madurez, utilizando seis atributos. Esta escala no se basó en ningún concepto de CMM, sino que fue creada por el equipo de desarrollo de especialistas de COBIT.

Desde el año 2000, los MM de COBIT y los atributos de madurez se han perfeccionado y ajustado en función de la experiencia y los comentarios. El Software Engineering Institute suspendió el CMM original y lo reemplazó con un nuevo modelo llamado CMMI, que ya mencionamos anteriormente. CMMI no se ha vinculado al COBIT MM.

En el mercado actual las organizaciones y sus directivos regularmente realizan esfuerzos para:

- Obtener información de calidad para la toma de decisiones del negocio.
- Lograr metas estratégicas y mejoras al negocio mediante el uso eficaz e innovador de las Tecnologías de la Información (TI).
- Mantener el riesgo relacionado con TI a niveles aceptables.
- Optimizar el costo de la tecnología y los servicios de TI.

¿Cómo se logra entregar valor a las partes interesada a partir del marco de trabajo de COBIT 5?

- Para lograr valor para las partes interesadas dela organización, se requiere un buen gobierno y una buena administración de los activos de TI y de la información.
- Los directivos, gerentes y ejecutivos de las organizaciones deben acoger las TI como cualquier otra parte importante del negocio.
- Cada día aumentan y se complican más los requisitos externos, tanto legales como de cumplimiento regulatorio y contractual, relacionados con el uso de la información y la tecnología en la organización, amenazando el patrimonio si no se cumplen.

COBIT 5 proporciona un marco de gobierno y gestión renovado y con autoridad sobre la información de las empresas y la tecnología relacionada, genera valor a todas las partes interesadas además de ser unitaria ya que todas las empresa se ven beneficiadas (ISACA; González, 2012).

COBIT 5 detalla 37 procesos en 5 dominios, la definición y estructura de proceso está basada en el ISO 15504.

- Gobierno: un dominio con 5 procesos alineado con evaluar, orientar y supervisar.
- Gestión: cuatro dominios con 32 procesos alineados con planear, construir, ejecutar y supervisar.

En el desarrollo de software, el seguir los lineamientos propuestos por COBIT facilitará los procesos de auditoria del ciclo de vida de desarrollo, si su organización no desarrolla software de clase mundial, será difícil que encuentre esta situación, por otra parte si su organización trabaja con proyectos grandes, de calidad y de clase mundial, es casi un hecho que es sujeto a auditorias de calidad y seguridad del desarrollo lo tendrá siempre presente, en común con el uso de diversos estándares de la IEEE, entre los principales es el de especificación de requerimientos de software (SRS 830), el de descripción de diseño de software (SDD1016), el de administración de la configuración (SCMP 828), el de mantenimiento (1219), el de aseguramiento de la calidad (730) y el de verificación y validación (1012).

Costos de proyectos

" ¡Nadie dijo que ganar era barato! "

Jerry Maguire

Anteriormente atendimos el tema de estimación de costos, queda de antecedente que el ejecutar un proyecto tiene un costo, así sea de gobierno, iniciativa privada o de una escuela, para realizar el cálculo de un desarrollo de proyecto existen diversas aproximaciones, a continuación, se hace una propuesta de lo que se debe considerar.

Se dejan de lado los modelos de costeo históricos, el modelo constructivo de costo (*Constructive Cost Model*- COCOMO), de líneas de código, conteo de funciones, horas hombre[2], entre otros, que quizás fueron exitosos en el siglo pasado; sin embargo ahora, utilizar esas evaluaciones es un tanto parecido a querer hacer una cirugía con instrumentos egipcios en vez de utilizar el valor de las nuevas herramientas médicas vigentes.

Cualquier proyecto tiene un costo base, aunque lo desarrolle el lector desde la comodidad de su casa / recámara/ sala de estudiante, todo cuesta dado que se debe pagar: renta, energía eléctrica, el equipo mismo, entre otras cosas; ahora si eres un empleado de cualquier institución también debes considerar tu costo, ya que recibes una nómina, o a sus estudiantes debe pagarles una beca o remuneración por el apoyo que generen al proyecto.

Comenzando por instituciones públicas, se sugiere considerar el costo operativo de cada persona asignada al proyecto, esto lo puede obtener con su administrador y generalmente le incluyen el costo nominal y de prestaciones del sujeto en cuestión así como los instrumentos recursos que ocupa para realizar sus actividades relacionadas al proyecto, donde estos recursos involucran no sólo

---

[2] Le sugiero de nuevo leer el libro de Mythical Man-Month: Essays on Software Engineering de Fred Brooks, lectura obligada y básica, en mi opinión, para cualquier persona involucrada con el desarrollo de proyectos informáticos.

aditamentos tecnológicos, también entrenamientos técnicos o de conferencias que le puedan aportar valor a su institución.

Estos valores son estáticos en la estimación base, pero dinámicos cuando calculamos el riesgo de desarrollar el proyecto, ya sean riesgos positivos o negativos, lo que debe incluirse también. Una estimación de riesgos es considerar una probabilidad de que ocurra un riesgo y contrastarlo con el porcentaje de impacto que tendría sobre el proyecto, adelante mostramos una matriz básica que permite identificar que riesgos son más propensos a ocurrir y su impacto.

Ilustración 4 Matriz de riesgo

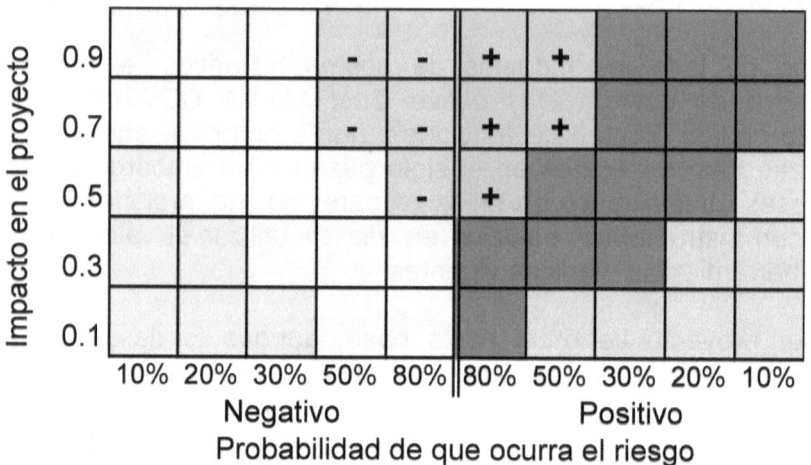

Si observa podrá ver que se forman tres "V", la superior es la de mayor impacto y en esos riesgos debemos enfocarnos y mitigarlos o de ser riesgos positivos buscar provocarlos, pero en ambos casos ponderarlos. La siguiente "V" tiene un menor impacto, pero debe ser considerada, y la "V" inferior puede ser auto gestionada por los miembros del equipo dado que no impacta significativamente, pero al ser detectado y comunicado se mitiga de cierta manera.

¿Cuál sería un riesgo alto para ser considerado? Ejemplo que manifestantes tomen su edificio, si esto ocurre continuamente y no tiene un plan alterno de operación, le evitará seguir con el proyecto, otros menos probables son: un temblor, enfermedades de los participantes, retrasos en entregas de insumos de información, entre otros.

Con estos riesgos ponderados podemos obtener una estimación de cuanto considerar, a manera de propuesta genérica, para establecer el tiempo: tomando en cuenta que el proyecto se estime por persona una duración de 6 meses, pero un participante tiene una cirugía planeada en el quinto mes, podemos ver que tiene un alto impacto si es un elemento necesario para el desarrollo y la ocurrencia de que suceda es de un 80%, su impacto ponderado sería de 0.72, este tiempo habría que dividirlo con el estimado, es decir 6 meses entre 0.72, lo cual nos indica que si esta persona estará en realidad dentro del proyecto su estimación real sería de 8 meses 1 semana, esto implicaría que debemos incluir a un nuevo elemento por 2 meses y 1 semana al proyecto. ¿Cuándo? Al menos un mes antes de que se vaya el elemente analizado y este durante ese proceso, con lo cual se pueda transferir parte del conocimiento.

Para la estimación de proyectos, pueden usarse puntos de complejidad, tamaño de historias de usuario, pero sobre todo debe utilizarse la experiencia del equipo que estará en el proyecto, y las métricas históricas que indiquen cual es el desempeño y su clasificación productiva.

En el mercado laboral, puede preguntar quien conoce Java y hasta el señor de mantenimiento tiene en su currículo vitae que menciona que es programador *senior*, pero en la realidad no ha hecho proyectos de ese nivel, que haya estudiado y se aprendiera el *JavaBook* no implica que sepa programar adecuadamente, aquí las métricas mitigan estas áreas de oportunidad.

En cuanto al costo, siendo empleados los considerados para organización pública, bastaría que incluyan el costo de los recursos antes mencionados y los multipliquen por el ciclo de vida del proyecto y la participación de los mismos.

El ciclo de vida de un proyecto inicia al momento de ser concebido y termina cuando el mantenimiento se terminó y se mató el uso de dicho proyecto.

Una de las propuestas que durante años he mencionado en clase es que todo proyecto debe dar un beneficio a la sociedad, más si es de empresa privada, el cual debe entonces ser evaluado en razones financieras: ya sea por retorno de inversión (*Return On investment ROI* por sus siglas en idioma inglés), por valor actual neto (*Net Present Value NPV* por sus siglas en idioma inglés) o por tasa interna de retorno (TIR o *Internal Rate of Return* IRR por sus siglas en idioma inglés), si un proyecto no aporta un beneficio se está haciendo entonces un proyecto a fondo perdido.

Antes de que cuestionen, piensen en una aplicación que ayude a mantener la seguridad de un ciudadano, aunque no se cobre y se crea que sólo tiene impacto social, sí tiene un impacto financiero: evita que crezca el delito o mitiga un mayor impacto.

Si no tienen claros las definiciones el ROI es la proporción de dinero ganado o perdido en una inversión en relación con la cantidad de dinero invertido. El análisis costo-beneficio (*Cost benefit analysis CBA* por sus siglas en idioma inglés) es una disciplina formal utilizada para ayudar a evaluar o evaluar el caso de un proyecto o propuesta, ponderando los costos totales esperados en relación con los beneficios totales esperados.

Para calcular el ROI, el beneficio de una inversión o inversiones se divide por el costo de la inversión y el resultado es igual a un porcentaje o proporción.

ROI = (beneficios - inversiones) / inversiones * 100%

Un ROI del 200% representa que cada peso gastado en un proyecto regresa dos pesos a cambio (original + dos).

El beneficio del ROI es que puede describir claramente la proporción de los retornos de un proyecto en comparación con los costos. Sin embargo, no tiene en cuenta el valor temporal del dinero, que en tecnología nos afecta dada la inestabilidad en la paridad de nuestro peso contra el dólar norteamericano, por ejemplo.

El valor presente neto (VPN) es el método más ocupado cuando se trata de evaluar proyectos de inversión a largo plazo, permite determinar si una inversión cumple con el objetivo de maximizar una inversión.

El cambio en el valor estimado puede ser positivo, negativo o cero, si es positivo significará que el valor tendrá un incremento equivalente al monto del valor presente neto. Si es negativo implica que reducirá su riqueza en el valor que arroje el VPN, si el resultado del VPN es cero, no modificará el monto de su valor.

La tasa interna de retorno (TIR) es una métrica de presupuesto de capital utilizada por las organizaciones para decidir si deben realizar inversiones. Es un indicador de la eficiencia o calidad de una inversión, en contraposición a VPN, que indica valor o magnitud.

La TIR suele utilizarse en el presupuesto de capital. Es la tasa de interés que hace que el VPN de todos los flujos de efectivo sea igual a cero. Es principalmente el valor que otra inversión tendría que generar para ser equivalente a los flujos de efectivo de la inversión considerada. La tasa de descuento (r) es necesaria para llevar la fórmula VPN a cero.

Sin embargo los servicios que presta el Estado o una institución pública son muchas veces servicios públicos generales o indivisibles, aquellos a los cuales las leyes aplicables o la autoridad administrativa no tiene establecido un mecanismo que permita identificar individualmente a cada usuario o beneficiario del servicio ya que se trata de servicios públicos que pueden ser aprovechados indistintamente y en todo tiempo por cualquier persona, aquí puede ser complicado tener un valor atractivo, pero definitivamente se puede calcular.

A diferencia en los servicios públicos particulares o divisibles, que son aquellos de los cuales la Ley aplicable o la autoridad competente tiene establecidos determinados mecanismos que permiten, en un momento dado, individualizar e identificar al usuario del servicio (cuota por uso de luz, carreteras).

"De lo anterior se deriva que el costo de los servicios públicos generales o indivisibles debe sufragarse con el producto de los impuestos generales que paga la ciudadanía, en tanto que el costo de los servicios públicos particulares o divisibles debe ser cubierto con el producto de la recaudación de los derechos correspondientes. De este modo, además de que el Gobierno recupera los costos que implican los servicios que presta, establece los incentivos adecuados para racionalizar la demanda de servicios públicos o divisibles de los particulares y da pleno cumplimiento al mandato constitucional de que los cobros sean proporcionales y equitativos al tipo y cantidad de servicios que demanden los particulares " (SHCP, Secretaría de ingresos).

En iniciativa privada es más sencillo, ya que se busca un lucro, por lo que el costo de un proyecto involucra todos los gastos o inversiones hechas para lograr se lleve a cabo con éxito el proyecto, involucrándolo de manera proporcional, esto incluye rentas, impuestos, salarios, beneficios sociales, aguinaldo, software, infraestructura, capacitación y demás, considerando además el riesgo y su ponderación, similar a lo que antes se explicó y a todo esto agregándole un margen de ganancia.

La pregunta de cualquier estudiante, ¿Cuánto debe ser el margen de ganancia? No hay respuesta única, sin embargo mi propuesta es sencilla: ¿Cuánto valor aporta a tu cliente o usuario el sistema que estás desarrollándole? Puedes tener un margen entonces de un 10%, 100% o más, sin embargo, si tu valor es nulo, no podrás obtener una ganancia adecuada o esperada por ti.

Recordemos que vendemos el conocimiento y experiencia aplicable, si no queda claro, de nuevo veamos a los médicos, no es lo mismo lo que te cobra un médico de una farmacia de productos genéricos en México, que un especialista de alta experiencia para un tema relevante a tu vida, los románticos dirían que deberían cobrar lo mismo, pues son médicos, pero en la realidad es diferente.

Asimismo, lo que un profesionista vende es su experiencia práctica y conocimiento aplicable, no su memoria, en mi vida profesional nunca me preguntaron si tenía promedio de 10 y menciones honorificas, pero sí si sabía como solucionar y tenía experiencia en el tema relativo al proyecto.

Es por esto que en el mercado laboral hay doctores de menos de 30 años cuya experiencia para aplicar el conocimiento a un proyecto informático general es baja y su aporte tiende a ser nulo comparado contra un profesionista con carrera trunca pero que entiende el valor de cómo aplicar el conocimiento y tiene experiencia de 10 años haciendo la labor en cuestión, aclaro que es sumamente importante tener investigadores, maestros y doctores que aporten valor real y nuevo conocimiento en la academia, pero se tendría incluso mayor valor si lo hacen práctico, más si están aplicando la triple hélice de forma práctica, a diferencia de las ciencias duras, las nuestras tienen una aplicación e impacto rápido e inmediato.

Administración de las adquisiciones

Evaluación de proveedores

En el proceso de satisfacer las necesidades de sus clientes, toda organización cuenta con un componente clave conformado por el conjunto de proveedores, pocas organizaciones producen todos los insumos necesarios, por lo que estos proveedores deben entregar productos en tiempo, forma y calidad necesaria para a su vez, otorgar a sus usuarios finales el producto adecuado.

Muchas organizaciones requieren de servicios o productos que les permite llevar a cabo su operación, cuya relevancia está ciertamente vinculada con las características de estas actividades; por ejemplo, las compras que realiza una escuela no tienen tanta importancia para la calidad final de sus prestaciones, como las que realiza una empresa automotriz que fabrica vehículos a partir de piezas y partes elaboradas por otras compañías parte de la cadena de producción.

Para cumplir y lograr una efectiva evaluación de proveedores, esta debe ser objetiva y transparente, seguir un orden y un proceso base, el cual tiene los siguientes pasos al menos:
- Buscar proveedores: el paso inicial y posiblemente el que toma más tiempo en el proceso de la evaluación. Esto se debe a toda la búsqueda y recolección de la información acerca del proveedor (años de experiencia, clientes actuales y anteriores, certificaciones, entre otros).
- Elegir proveedor: las consideraciones tradicionales incluyen precio, calidad, garantías, plazo de entregas, formas de pago, antigüedad y prestigio de empresa.

- Valorar al proveedor: si tiene determinadas las consideraciones iniciales, puede entonces ponderar cada una de ellas para armar una matriz que permita cuantificar las ventajas o desventajas de trabajar con cada uno de ellos. También puede ocupar recomendaciones de colegas, que refieran a proveedores con los cuales hayan trabajado, y tenido una experiencia positiva o no
- Selección de proveedores: con la matriz arriba indicada, puede entonces hacer una elección objetiva de su posible proveedor, es conveniente mencionar que dependiendo del requerimiento, la valoración de un proveedor pueda cambiar, es decir quizás se requiere tener un producto rápido y eso incrementa el costo.

Hay ciertas variables que debe tomar en cuenta, sobre todo en tecnologías de la información, dado que en términos de entrega de productos y servicios, existen certificaciones o proveedores autorizados, pueden estos generar falsos positivos que nos afecten en la decisión final.

Cuando evalúe certificaciones de una empresa, tome en cuenta las que son de clase mundial, como ejemplo si evalúa una empresa para desarrollo o prestación de servicios de software, una certificación de CMMI da un parámetro que a nivel mundial puede ser replicado versus una que pudo ser una copia barata y tropicalización local que sólo usan algunos y que cualquiera cumpliría.

En temas de distribución y certificación, cuestione no sólo el papel, vea también la experiencia e incluso la antigüedad de la empresa, en el malinchismo mexicano existe una frase que hasta hace años era bastante usado por los empleados de nivel directivo de TI:

"a nadie que compre XXX lo han despedido...", sin tener ningún tema contra XXX, el objetivo de esa mención es que si le compraban a una empresa grande no cuestionarían su decisión, hoy en día algunos de esos empleados son empleados de XXX o del vendedor en cuestión; (donde XXX es una de las más grandes e históricas empresas a nivel mundial de tecnologías de información).

Cuando evalúe un proveedor considere que una empresa local puede ser mejor para entregar un servicio, dado que incluso por temas legales y fiscales tiene mayor compromiso, valore si esta empresa está realmente constituida (acta constitutiva, paga impuestos locales, federales y seguridad social), existen muchas empresas trasnacionales que no tiene figura legal en el país, así que ha ocurrido en gobierno o sector privado que compran un producto a una empresa fantasma y la organización adquirente se quedó con un problema.

En tecnología sin embargo, debe evaluar el perfil de los elementos de una organización, dado que existen tecnologías nuevas que prácticamente dominan jóvenes (menores de 30 años para este caso) y quizás sus empresas u organizaciones son jóvenes también, con menos de 3 años de existencia, pero que seguramente le pueden aportar un valor relevante.

En el caso de gobierno, se rigen en México, por la Ley de Adquisiciones, Arrendamientos y Servicios del Sector Público, la cual indica en un artículo que se permite adquirir, sin licitar, a instituciones públicas educativas, valore, si es este el caso, que la institución e individuos que le ofrezcan el proyecto realmente tengan la experiencia y capacidad de proveer el producto o servicio, dado que puede convertirse su plan en un interminable proyecto; cuestione y valore la capacidad real y valide los antecedentes de la organización y personal encargado en cuestión, antes de valorar entregarle el desarrollo del proyecto.

Lo ideal es tener una cartera amplia de proveedores previamente evaluados, involucre a sus departamentos de finanzas, legal o de administración en este proceso, con simples análisis de demandas mercantiles vigentes o pasadas, o revisar el Directorio de Licitantes, Proveedores y Contratistas sancionados con el impedimento para presentar propuestas o celebrar contratos con las dependencias, entidades de la Administración Pública Federal y de los Gobiernos de los Estados, puede evitarse dolores de cabeza.

Es conveniente que escuche a más de un proveedor para cualquier proyecto, eso le ayudará a entender un poco mejor sobre de las soluciones vigentes o adecuadas y recuerde, analizar desde la perspectiva de su organización, no desde la perspectiva del vendedor o proveedor.

En los funcionarios o empleados directivos de tecnologías de información, hasta el siglo pasado era común que solicitaran reportes de analistas para algún "cuadrante mágico" del desempeño de un producto, sin embargo la tecnología se mueve más rápido y la innovación es más veloz que lo que estos analistas pueden publicar, los cuales además tienen un sesgo, dado que cobran por hacer estos análisis y si la empresa en cuestión no pagó o no es lo suficientemente grande (o internacional) es posible que no entre en esos análisis, si usted tiene menos de 28 años, esto es para la anécdota y la historia, es como seguir utilizando las regletas de logaritmos o el ábaco de Napier.

Es conveniente que asista a los eventos de industria agnósticos a una marca, que le permiten evaluar y conocer las tecnologías, si asiste a los patrocinados por algún fabricante en particular, tenga en consideración el sesgo que eso involucra.

Recuerde esta máxima para su vida profesional: "las personas le confían a la personas", con esto me refiero a que los proyectos se podrá ejecutar exitosamente si tiene personas profesionales en ambas partes del negocio o proyecto, cuando sólo tiene vendedores que venden sin cumplir, el que perderá el proyecto, empleo o tendrá problemas legales será el funcionario o empleado de TI que decidió por una u otra empresa proveedora.

Algunos elementos base para la evaluación que debe considerar, y ponderar a su conveniencia están:

- Que la empresa proveedora este constituida legalmente en el país (acta constitutiva).
- Que la empresa proveedora esté dada de alta ante las correspondientes autoridades hacendarias.
- Que la empresa proveedora no tenga como socio a algún empleado de su empresa adquirente, institución adquirente o fabricante del bien o producto.
- Que no tenga funcionarios políticos o de dependencias educativas vigentes, como socios de la empresa proveedora.
- Si cuenta con certificaciones de clase mundial, que apliquen a su proyecto (CMMI, ISO, entre otros).
- Si cuentan con certificaciones de sus empleados (Scrum, bases de datos, lenguajes, entre otros).

- Antigüedad de la empresa proveedora.
- Que no esté sancionada por gobierno estatal o federal para presentar proyectos, si es el caso.
- Que no tenga demandas mercantiles, civiles o laborales la empresa proveedora.
- Que tenga experiencia con otros clientes de sector similar al suyo en el proyecto que está adquiriendo.
- Que tenga una oficina y domicilio físico en el lugar o ciudad donde proveerá el servicio, y verifique que sí exista.
- Si compra algún producto en particular, que tenga el respaldo del fabricante original por escrito, si está en otro idioma solicite traducción hecha por perito avalado por el correspondiente Tribunal Superior de Justicia.
- En el caso de ser persona física el proveedor, validar que tenga la experiencia real y el nivel educativo que dice tener.

Los proyectos como organización

Los proyectos son realizados por personas, lo cual implica una variable compleja y dinámica que debemos, como líderes o planeadores de proyecto procurar entender. Cualquier proyecto se realiza con un propósito, para lograrlo necesitamos la suma de recursos y del esfuerzo humano.

A lo largo del proyecto se interactúa con diferentes personas, cada una con un interés en particular; y así como ocurre con las personas el proyecto difícilmente va a ser monedita de oro para todos, por lo tanto debemos identificar adecuadamente a los interesados junto con su relevancia e impacto en el proyecto para poder manejarlos adecuadamente.

En los interesados del lado del cliente si bien se quiere mantener a todos informados y satisfechos, no siempre se puede realizar el esfuerzo ya sea porque no se cuenta con los recursos o con el tiempo. Es importante nunca perder de vista que no debemos desviarnos del objetivo del proyecto.

Existen diversas formas de clasificar a los interesados, una de ellas es la matriz de Mendelow, en la cual los podemos identificar por su interés e influencia en el proyecto.

- Administrar de forma cercana, aquí se encuentran las personas con mayor poder en el proyecto así como con un alto grado de interés, por ejemplo el *Product Owner*, con ellos nos es de mayor interés mantener una comunicación continua y clara; así como alinear el avance del proyecto con sus intereses dentro del alcance.

- Mantener satisfechos, en este caso son personas que pueden tener un gran poder pero no se ven afectados de manera cercana por el proyecto, como por ejemplo un patrocinador. Si bien el paga el proyecto todas las decisiones y metas fijadas están delimitadas por el *Product Owner*.
- Mantener informados, podemos encontrar aquí a personas que tienen un interés en el proyecto pero no tienen un poder de decisión sobre él; un ejemplo pudiera ser el área de sistemas de una organización, si bien ellos pudieran ser los responsables en un futuro de operar la solución que se desarrolla en el proyecto, durante el desarrollo estamos cumpliendo las necesidades del *Product Owner*.
- Monitorear, por último existen personas que no tienen interés ni influencia en el proyecto, podemos monitorearlas en caso de que cambien a uno de los otros cuadros.

Ilustración 5 Matriz de Mendelow. Adaptado de Harris, D., Botten, N, McColl, J. (2008)

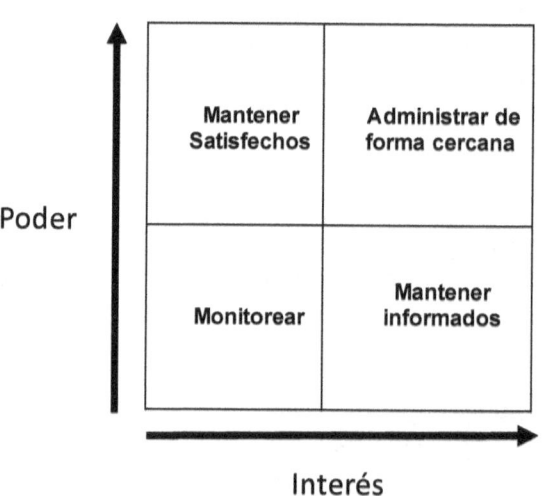

Habilidades Suaves

Como ya se mencionó, en un proyecto se tendrá que interactuar con diversas personas a lo largo del proyecto, con los interesados como, con miembros del equipo de trabajo pero, ¿Cómo realizamos esas interacciones? No hay respuesta o guía perfecta, con cada persona y con cada proyecto la comunicación será diferente.

Comunicarnos con los interesados y mantenerlos satisfechos no quiere decir que debemos cumplirles caprichos, como responsables de un proyecto nuestro objetivo es dar valor al cliente dentro del alcance del proyecto manteniendo el alcance.

Si el alcance se modifica para lograr la satisfacción del cliente se van a ajustar los parámetros de tiempo y costo, porque nada es gratis; ahí es cuando las cosas se dificultan y por lo cual es de suma importancia que los líderes o scrum masters cuenten con habilidades suaves para lograr la negociación por medio de una comunicación efectiva.

Las habilidades suaves, blandas o "*soft skills*", como las describe el *PMBOK* son "competencias conductuales que incluyen habilidades como comunicación, inteligencia emocional, resolución de conflictos, negociación, influencia, trabajo en equipo, ..."

Estas habilidades son más complicadas de obtenerse que las habilidades técnicas pero no por eso es imposible, requieren de práctica y tiempo.

En el proceso de satisfacer las necesidades de sus clientes, toda organización cuenta con un componente clave conformado por el conjunto de proveedores, poca organizaciones producen todos los insumos necesarios, por lo que estos proveedores deben entregar productos en tiempo, forma y calidad necesaria para a su vez, otorgar a sus usuarios finales el producto adecuado.

Valores, actitudes y satisfacción laboral

Los valores son importantes para el estudio del comportamiento organizacional, tienden los cimientos para comprender las actitudes, la motivación y el por qué influyen en nuestras percepciones. Los individuos entran en una organización con nociones preconcebidas de lo que "debe ser" y lo que "no debe ser", estas nociones contienen interpretaciones de lo correcto y lo incorrecto. Más aún, implican que se prefieren ciertas conductas o resultados antes que otros. Así los valores enturbian la objetividad y la racionalidad y por lo regular, los valores influyen en las actitudes y la conducta.

Milton Rockeach creó el repertorio de valores de Rockeach (RVR) que consta de dos grupos con 18 valores cada uno. Los dos grupos de valores son los siguientes:

1. Valores terminales: se refieren a los estados finales de la existencia. Se trata de las metas que una persona quisiera conseguir a lo largo de su vida.
2. Valores instrumentales: atañe a los modos preferibles de comportarse o los medios para conseguir los valores terminales.

Aunque varios estudios confirman que el RVR varía con las sociedades, se ha observado que las personas que ejercen las mismas ocupaciones o se encuentran en las mismas categorías tienden a guiarse por los mismos valores.

Los administradores deben ser capaces de trabajar con personas de culturas diferentes. Como los valores difieren con las culturas, comprender estas diferencias será de ayuda para explicar y predecir el comportamiento de empleados de distintos países.

Las actitudes son juicios evaluativos, favorables o desfavorables sobre objetos, personas o acontecimientos. Manifiestan la opinión de quien habla acerca de algo.

Aunque se relacionan con los valores, las actitudes no son lo mismo; esto puede ser más claro si se entiende que las actitudes tienen tres componentes:

1. Componente cognoscitivo: la parte de una actitud que tiene que ver con las opiniones o creencias.
2. Componente afectivo: la parte de una actitud que tiene que ver con las emociones o sentimientos.
3. Componente conductual: intención de conducirse de cierta manera con algo o alguien.

En general, el término actitud se refiere a la parte afectiva de los tres componentes. A diferencia de los valores, las actitudes son menos estables (más fácilmente modificables).

En las organizaciones, las actitudes son importantes porque influyen en el comportamiento en el trabajo.

En cuanto al comportamiento organizacional, nos interesan particularmente tres actitudes:

- Satisfacción con el trabajo: se refiere a la actitud general del individuo hacia su trabajo. Una persona con una gran satisfacción con el trabajo tiene actitudes positivas, mientras que aquella que se siente insatisfecha alberga actitudes negativas.
- Participación en el trabajo: grado en el que una persona se identifica con su trabajo, participa activamente y considera que su desempeño es importante para su sentimiento de valía personal.
- Compromiso con la organización: grado en el que el empleado se identifica con una organización y sus metas, y quiere seguir formando parte de ella.

Por lo regular en las investigaciones se concluye que las personas buscamos la congruencia entre nuestras actitudes y nuestro comportamiento; esto significa que los individuos quieren conciliar actitudes divergentes, es decir, alinear todas sus actitudes con su comportamiento para dar una impresión racional y coherente.

Cuando hay una incongruencia, se ejercen fuerzas para devolver al individuo al estado de equilibrio en el cual las actitudes y conductas están alineadas, ya sea alterando las actitudes o el comportamiento, o bien racionalizando la incongruencia.

Cuando se le pregunta a los individuos sobre su actitud hacia algún objeto, recuerdan su comportamiento de la ocasión y deducen de ahí su actitud. Lo anterior está fuertemente involucrado con la teoría de la percepción de uno mismo, la cual asevera que las actitudes sirven a posteriori para imponer un sentido a un acto ya ocurrido, más que como medios que preceden y guían el acto.

En general, la relación tradicional entre actitudes y comportamiento es positiva, pero la relación entre comportamiento y actitudes es todavía más fuerte. Esto es particularmente cierto cuando las actitudes son vagas y ambiguas. Si uno ha tenido pocas experiencias sobre la actitud hacia un tema o ha meditado poco en ello, deducirá sus actitudes de su comportamiento; en cambio, si las actitudes están bien establecidas y definidas desde hace tiempo, es más probable que guíen la conducta.

Para medir el concepto de satisfacción laboral, los dos métodos más conocidos son la *calificación única general* y la *calificación sumada,* que está compuesta por varias facetas del trabajo que se realiza.

El método de la calificación única general consiste en pedir a las personas que respondan una pregunta como esta: "Considerando todos sus aspectos, ¿qué tan satisfecho se siente con su trabajo?" Los entrevistados dan su respuesta rodeando con círculo un número entre uno (muy insatisfecho) y cinco (muy satisfecho). El otro método, la suma de las facetas de trabajo es más elaborado; se identifican los elementos clave de un trabajo y se pregunta al empleado su opinión respecto a cada uno de ellos. Entre los factores característicos que se incluirán están la índole del trabajo, supervisión, salario actual, oportunidades de ascender y relaciones con los compañeros. Estos factores se califican con una escala estandarizada y se suman para dar una calificación general de la satisfacción con el trabajo.

Se han realizado pruebas cuyos resultados indican una notable disminución de la satisfacción laboral desde comienzos de la década de 1990. Los expertos proponen que la explicación a esta caída reciente en la satisfacción laboral se deba a los esfuerzos de los patrones por aumentar la productividad con más carga de trabajo para los empleados y plazos más breves. Otro factor puede ser el sentimiento, cada vez más frecuente entre los empleados que tienen menos control sobre su trabajo.

Pero el hecho de que la satisfacción aumente con el salario, ¿Significa que el dinero compra la felicidad? No necesariamente. Es posible que un salario más elevado traiga de por sí más satisfacción con el trabajo; otra explicación es que el salario mayor refleja diferentes tipos de puestos. En general, los puestos mejor pagados requieren mayores capacidades, dan más responsabilidades a quienes los ocupan, son más estimulantes, ofrecen más retos y conceden mayor control. Así es posible que el señalamiento de mayor satisfacción entre los trabajadores mejor pagados refleje que sus puestos tienen mayores retos y libertades, aparte del pago como tal.

La satisfacción con el trabajo tiene un efecto en el desempeño de los empleados en cuanto a productividad, ausentismo y rotación.

- Satisfacción y productividad: en el plano individual, las pruebas indican que es la productividad la que lleva a la satisfacción; sin embargo, cuando se reúnen datos de satisfacción y productividad de toda la organización, más que en el plano individual, se encuentra que las empresas con más empleados satisfechos son más eficaces que aquellas con menos empleados satisfechos.
- Satisfacción y ausentismo: se encuentra una relación negativa entre estos, aunque la correlación sea moderada. Es de entender que los trabajadores insatisfechos tienen más probabilidades de faltar al trabajo, pero otros factores tienen un efecto en la relación; por ejemplo, las organizaciones que tienen prestaciones muy liberales en cuanto a los permisos por enfermedad alientan a todos sus empleados (incluyendo a los más satisfechos) a que se tomen días libres. Dado que uno tiene intereses variados, es posible encontrar satisfactorio el trabajo y, de todos modos, faltar para gozar de un fin de semana de tres días o broncearse en un día soleado de verano, ya que esos días son regalados y no implican castigos.

- Satisfacción y rotación: existe una relación negativa entre estos; no obstante, las condiciones del mercado laboral, esperanza de otras oportunidades de trabajo y antigüedad en la organización, también son restricciones importantes para decidir si se deja o no el trabajo actual. Según las pruebas, un moderador importante mencionó que es el nivel de desempeño del trabajador. En particular el grado de satisfacción es menos importante para predecir la rotación de los que mejor se desempeñan puesto que la organización hace esfuerzos considerables para conservarlos (les dan aumentos, elogios, reconocimientos, más oportunidades de ascender, entre otros). Casi todo lo contrario ocurre con los que tienen un rendimiento bajo (la organización se esfuerza poco por retenerlos e incluso despliega presiones sutiles para incitarlos a renunciar).

Los empleados manifiestan su insatisfacción de varias maneras, las cuales se pueden clasificar en dos dimensiones: constructivas o destructivas y activas o pasivas. Se definen a continuación:

- Salida (Destructiva y Activa): es un comportamiento dirigido a abandonar la organización, como buscar otro trabajo o renunciar.
- Vocear (Constructiva y Activa): tratar de mejorar las condiciones, como al sugerir mejoras, analizar los problemas con los superiores y algunas formas de actividad sindical.
- Lealtad (Constructiva y Pasiva): esperar pasivamente a que mejoren las condiciones; por ejemplo, defender a la organización ante críticas externas y confiar en que la organización y su administración "hacen lo correcto".
- Negligencia (Destructiva y Pasiva): dejar que las condiciones empeoren, como por ausentismo o retardos crónicos, poco empeño o tasa elevada de errores.

En cuanto a los empleados en puestos de servicio que tratan con los clientes, las pruebas indican que los empleados complacidos aumentan la satisfacción y la lealtad de los clientes. Esto es algo muy importante puesto que en las organizaciones de servicio, la retención y abandono de los clientes dependen en buena medida de la manera en que los tratan los empleados.

Es más probable que si los empleados están satisfechos sean más corteses, animados y sensibles, lo cual es apreciado por los clientes. Y como los empleados satisfechos rotan menos, es más probable que los clientes encuentren rostros familiares y reciban un servicio con experiencia. Estas cualidades favorecen la satisfacción y lealtad de los clientes. Además, la relación parece aplicarse a la inversa: los clientes insatisfechos acentúan el descontento de los empleados. Los empleados que tienen contacto frecuente con los clientes dicen que cuando estos son groseros, desconsiderados o sus exigencias son irrazonables, su satisfacción con el trabajo se ve afectada.

Base de conducta en grupo

La creación de diferencias de estatus no es más que una de las situaciones que ocurren naturalmente en los grupos.

Un grupo es el conjunto de dos o más individuos que se relacionan, son interdependientes y se reunieron para conseguir objetivos específicos. Veremos dos tipos particulares de grupos:

- Grupos formales: son a los que define la estructura de la organización con asignaciones determinadas de trabajo que fijan las tareas. En los grupos formales, el comportamiento de los individuos está estipulado y dirigido hacia las metas de la organización.
- Grupos informales: son alianzas que no tienen una estructura formal ni están definidos por la organización. Estos grupos son formaciones naturales del entorno laboral que surgen en respuesta a la necesidad del contacto social.

En general, los grupos pasan por ciertas etapas en su evolución. Sin embargo, dichas etapas varían, para los grupos temporales con plazos se tiene cierto esquema, mientras que los grupos en general siguen un modelo llamado de las cinco etapas.

Modelo de las cinco etapas.

1. Etapa de formación: se caracteriza por una gran incertidumbre sobre el propósito, la estructura y el liderazgo del grupo. La etapa concluye cuando los miembros comienzan a considerarse parte del grupo.
2. Etapa de conflicto: se distingue por los conflictos internos que en ella se dan. Los miembros aceptan la existencia del grupo pero se resisten a las restricciones que les impone su individualidad. Por añadidura, se presentan conflictos sobre quién controlará el grupo. Al terminar la etapa, el grupo cuenta con una jerarquía de liderazgo relativamente clara.
3. Etapa de regulación: se traban relaciones estrechas y el grupo manifiesta su cohesión. Se despierta un sentido agudo de identidad y camaradería. Esta etapa se da por concluida cuando se solidifica la estructura del grupo y este ha asimilado un conjunto común de expectativas sobre lo que se define como el comportamiento correcto.
4. Etapa de desempeño: la estructura en este punto es completamente funcional y es aceptada por el grupo. La energía del grupo ya no se dirige a conocerse y entenderse, si no a realizar la tarea que los ocupa. Para los grupos de trabajo permanentes, la etapa de desempeño es la última de su desarrollo.
5. Etapa de desintegración: el grupo se prepara para disolverse y su prioridad ya no es un desempeño superior, sino que se dirige la atención a las actividades conclusivas.

Modelo del equilibrio puntuado

Para los grupos temporales, se ha observado que tienen una sucesión peculiar de actividades, las cuales se detallan a continuación:

1. En la primera reunión se traza la dirección del grupo.
2. En esta primera fase la actividad del grupo es inercial.
3. Al final de la fase sobreviene una transición, exactamente cuando el grupo consumió la mitad de su tiempo.
4. La transición suscita cambios importantes.
5. A la transición sigue una segunda fase de inercia.

6. La última reunión del grupo es de actividad intensa.

En resumen, en este modelo los grupos muestran periodos prolongados de inercia salpicados por breves cambios revolucionarios incitados principalmente porque los miembros se hacen conscientes del tiempo y su plazo.

Para comenzar a entender el comportamiento en un grupo de trabajo, hay que considerarlo un subsistema inmerso en un sistema mayor. No hay grupos de trabajo aislados, puesto que son parte de una organización.

La estrategia general de la organización, determinada por la dirección, resume las metas de la organización y los medios para conseguirlas. La estrategia que siga la organización en cualquier momento influye en el poder de diversos grupos de trabajo, los que definirán los recursos que la dirección quiera asignar para ejecutar las tareas.

Las organizaciones poseen estructuras de autoridad que definen quién reporta a quién, quién toma las decisiones y qué decisiones, entre otros. La estructura determina en qué lugar de la jerarquía se ubica cada grupo de trabajo, quién es su líder formal, y cuáles son las relaciones formales entre grupos.

Las organizaciones crean reglas, procedimientos, políticas, descripciones de puestos y otras regulaciones formales para estandarizar el comportamiento de los empleados. Por otro lado, los criterios que aplica la organización en su proceso de selección determinarán la clase de personas que compondrán los grupos de trabajo.

Otra variable que alcanza a toda la organización y afecta a todos los empleados es el sistema de evaluación del desempeño y remuneración, puesto que los grupos de trabajo son parte del sistema general de la organización; la manera en que ésta evalúe el desempeño y recompense el comportamiento, va a influir en el proceder de los miembros de aquellos grupos.

Todas las organizaciones tienen una cultura tácita que define los criterios de conductas aceptables e inaceptables de los empleados.

Al cabo de unos meses, todos los empleados comprenden la cultura de la organización.

Por último, el *entorno laboral físico* que imponen terceros al grupo tiene una gran importancia en su comportamiento.

El desempeño potencial de un grupo depende, en buena medida, de los recursos que aporten los miembros en lo individual; dicho desempeño puede anticiparse evaluando los conocimientos y capacidades de sus integrantes.

Se ha encontrado que las habilidades para el trato entre personas se muestran constantemente importantes para que los grupos tengan un desempeño elevado. Entre estas habilidades se encuentran manejo y solución de conflictos, y solución conjunta de problemas y comunicación.

Los grupos de trabajo no son masas desorganizadas. Tienen una estructura que da forma al comportamiento de sus miembros y hace posible explicar y predecir una buena parte del comportamiento de los individuos en los grupos, así como el desempeño de los mismos. A continuación, se detallan dichas variables estructurales.

Liderazgo formal

En general los grupos de trabajo tienen un líder formal señalado con un título como gerente, supervisor, capataz, líder de proyecto, jefe de fuerza de tarea o presidente de comisión. Este líder cumple un papel importante para el éxito del grupo.

Roles o papeles:

Un papel o rol es un conjunto de pautas de conducta esperadas y atribuidas a alguien que ocupa determinada posición en una unidad social. Hay ciertas actitudes y conductas congruentes con un papel, de modo que se establece una identidad de los roles.

Las personas tenemos la capacidad de cambiar rápidamente de papeles cuando advertimos que la situación exige sin duda cambios radicales. Por otro lado, el punto de vista de uno sobre cómo debe actuar en ciertas situaciones determina la percepción de los roles. Basados en una interpretación sobre cómo creemos que se espera que actuemos, adoptamos ciertos comportamientos. En cambio, las expectativas de los roles se definen por cómo creen los demás que una persona debe actuar en una situación dada. La manera en que uno se comporta está determinada en buena medida por el papel definido en el contexto en el que se esté actuando.

Normas

son criterios aceptables de conducta que comparten los integrantes de un grupo. Indican a los miembros qué deben y qué no deben hacer en ciertas circunstancias. Cuando el grupo acuerda y acepta unas normas, se convierten en medios de influencia en el comportamiento de los integrantes con los menores controles externos. Algunas clases comunes de normas son:

- Normas de desempeño: los grupos de trabajo brindan a sus miembros claves explícitas sobre cuánto deben esforzarse, cómo se hace el trabajo, cuál es el monto de la producción, cuántas demoras se aceptan, etc.
- Normas de apariencia: ¿Cuál es el atuendo apropiado, la lealtad con el grupo y la organización? ¿Cuándo parecer ocupado? y ¿Cuándo es aceptable flojear?
- Normas sociales: estas normas surgen en los grupos informales en el trabajo y regulan el trato social de sus miembros.
- Normas de distribución de recursos: se originan en el grupo o la organización y abarcan aspectos como el sueldo, el encargo de trabajos difíciles y la asignación de herramientas y equipos nuevos.

Estatus

Es la posición definida por la sociedad o rango que los demás dan a los grupos o sus miembros. A pesar de todos los intentos por construir una sociedad más igualitaria, hemos hecho pocos avances reales para suprimir las clases. Hasta el grupo más pequeño crea reglas, derechos y ritos con los que distingue a sus miembros. El estatus es un factor importante para entender el comportamiento de las personas porque es un motivador notable y tiene consecuencias conductuales cuando los individuos perciben una disparidad entre lo que les parece debe de ser su estatus y la impresión que de él tienen los demás.

Se ha demostrado que el estatus tiene algunos efectos interesantes en el poder de las normas y las presiones para someterse; por ejemplo, los miembros de más estatus en los grupos tienen más libertad para apartarse de las normas que otros integrantes.

Para los integrantes de un grupo es importante creer que la jerarquía de estatus es equitativa; si perciben desigualdades, se crea un desequilibrio que desemboca en varias formas de conducta correctiva. En general, los grupos acuerdan internamente sus criterios de estatus, y por tanto, sus clasificaciones de los individuos suelen ser muy congruentes. Pero los individuos pueden encontrarse en una situación conflictiva al moverse entre grupos cuyos criterios de estatus son distintos o cuando se unen a grupos en los que los miembros tienen orígenes diferentes.

En los grupos compuestos por individuos heterogéneos o cuando se obliga a estos grupos a ser independientes, las diferencias de estatus generan conflictos mientras los integrantes tratan de armonizar y limar jerarquías distintas.

Finalmente tenemos que la importancia del estatus varia con las culturas; por ejemplo, entre latinoamericanos y asiáticos el estatus procede de la posición en la familia y de las funciones formales desempeñadas en la organización. En cambio, aunque el estatus es importante en países como Estados Unidos o Australia, uno lo "lleva menos en la frente" y se concede más por los logros que por títulos o árboles genealógicos.

Tamaño

El tamaño de un grupo afecta su conducta general; por ejemplo, los grupos grandes (con 12 o más miembros) reciben aportaciones diversificadas. Por tanto, si el objetivo del grupo es averiguar hechos, uno grande será más eficaz. Por otro lado, los grupos pequeños son mejores para hacer algo productivo con sus insumos. Entonces, los grupos de aproximadamente siete miembros son más eficaces para emprender acciones.

Uno de los resultados más importantes relacionados con el tamaño del grupo remite al ocio social, que es la tendencia de los individuos a esforzarse menos cuando trabajan juntos que cuando lo hacen a solas. Este resultado arroja dudas sobre el razonamiento de que la productividad conjunta del grupo debe ser por lo menos igual a la suma de la productividad de cada uno de sus integrantes.

Las implicaciones para el comportamiento organizacional de este efecto sobre los grupos de trabajo son importantes. Las conclusiones de tal efecto pueden traer detrás un prejuicio occidental pues en las sociedades colectivistas (en las que los individuos se motivan con las metas de los grupos) se ha mostrado un efecto opuesto. Por ejemplo, en la República Popular de China e Israel, los individuos no mostraron ninguna propensión al ocio social; de hecho se desempeñaron mejor en grupos que a solas.

De las investigaciones sobre el tamaño de los grupos se desprenden otras dos conclusiones:

- Es preferible un número non de miembros, pues elimina la posibilidad de empates a la hora de votar.
- Los grupos de cinco a siete miembros consiguen aprovechar bastante bien los mejores elementos de los grupos pequeños y grandes, pues tiene el tamaño suficiente para establecer una mayoría y diversificar las aportaciones, pero son también pequeños para evitar los resultados negativos de los grupos grandes, como el dominio de unos miembros, la creación de subgrupos, la inhibición de la participación de algunos y las demoras para tomar decisiones.

Composición

En general las actividades de los grupos requieren diversas capacidades y conocimientos, es por ello que los grupos heterogéneos, tendrían habilidades e información de más variedad y deberían ser más eficaces, esto se cumple especialmente con las tareas intelectuales que exigen creatividad.

Cuando un grupo es diverso en términos de personalidad, género, edad, educación, especialización profesional y experiencia, es más probable que posea las características necesarias para terminar bien sus encargos.

Quizá tenga más conflictos y sea menos expedito en tanto se presentan y asimilan posiciones divergentes; sin embargo, la diversidad promueve los conflictos, que estimulan la creatividad, que a su vez mejora la toma de decisiones.

Por otro lado, la composición de un grupo es un pronosticador importante de la rotación. Las diferencias en sí no predicen la rotación, pero si son muchas en un solo grupo, acentuarán la rotación. Si todas son moderadamente diferentes en un grupo, se reduce la sensación de estar fuera de lugar. Así, lo que más importa no es la intensidad de un atributo, sino su grado de dispersión.

Cohesión

Los grupos también difieren por su cohesión, es decir, por el grado en que sus miembros se sienten vinculados unos a otros y quieren permanecer en el grupo. Este concepto es importante pues se ha descubierto que está relacionada con la productividad del grupo. En estudios se revela que dicha relación depende de las normas de desempeño establecidas por el mismo. Teniendo así los siguientes resultados:

- Mucha cohesión + Normas de desempeño elevadas = Productividad elevada.
- Poca cohesión + Normas de desempeño elevadas = Productividad moderada.
- Mucha cohesión + Normas de desempeño bajas = Productividad escasa.
- Poca cohesión + Normas de desempeño bajas = Productividad moderada a escasa.

Finalmente para fomentar la cohesión del grupo, algunas sugerencias son reducir el grupo, fomentar el acuerdo con las metas del grupo, incrementar el tiempo que los miembros pasan juntos, aumentar el estatus del grupo y la dificultad percibida de ingresar, estimular la competencia con otros grupos, recompensar al grupo más que a los miembros, entre otros.

Otro punto importante respecto a los grupos es la toma de decisiones. Sería natural preguntarnos si es preferible la toma de decisiones en grupos o, por el contrario, son mejores las decisiones que toman los individuos solos. Para poder tener bases para responder a dicha pregunta, a continuación se listan las ventajas y desventajas de la toma de decisiones en grupo:

Ventajas:

- Generación de información y conocimientos más completos.
- Aumento en la diversidad de puntos de vista.
- Decisiones de mayor calidad.
- Favorecimiento en la aceptación de una solución.

Desventajas:

- Mayor tardanza en llegar a una solución.
- Presiones para uniformarse.
- Las discusiones del grupo pueden ser dominadas por unos cuantos.
- Ambigüedad de la responsabilidad (la responsabilidad de los integrantes se diluye).

El pensamiento de grupo es un fenómeno que ocurre cuando los miembros de un grupo se entregan tanto a la búsqueda de la coincidencia, que la norma del consenso anula la evaluación realista de alternativas de acción y la expresión cabal de opiniones anómalas, minoritarias o impopulares. Consiste en un deterioro de la eficiencia mental de los individuos, la prueba de la realidad y el juicio moral como resultado de las presiones del grupo. Algunos síntomas de este fenómeno son los siguientes:

- Los miembros del grupo racionalizan cualquier resistencia a las premisas que han establecido. Sin importar cuán sólidas sean las pruebas que contradicen estas premisas, los integrantes se comportan de manera que las refuerzan continuamente.

- Los miembros ejercen presiones directas sobre aquellos que expresan momentáneamente dudas sobre cualquiera de las opiniones que comparte el grupo o quien pone en tela de juicio la validez de los argumentos en apoyo de la alternativa preferida por la mayoría.
- Para no apartarse de lo que parezca el consenso del grupo, los miembros que tienen dudas o sostienen puntos de vista divergentes guardan silencio sobre sus recelos y hasta minimizan la importancia de sus dudas.
- Parece haber una ilusión de unanimidad. Si alguien calla, se da por sentado que está totalmente de acuerdo. En otras palabras, la abstención se considera un voto a favor.

Al comparar las decisiones del grupo con las que toman sus miembros en lo individual, se muestra que hay diferencias. En algunos casos, las decisiones del grupo son más conservadoras que las del individuo, pero lo más frecuente es que se inclinen a los riesgos. Según parece, lo que ocurre en los grupos es que la discusión lleva a un cambio significativo en las posturas de los miembros hacia una posición más extrema en el sentido al que ya se inclinaba antes de iniciar la discusión. Así, los conservadores se vuelven más cautos y los más agresivos corren más riesgos. La discusión del grupo acentúa su posición inicial. El hecho de que el desplazamiento sea hacia los riesgos o hacia la cautela depende de las inclinaciones previas de los miembros.

La forma más común de toma de decisiones en grupo tiene lugar en los grupos de interacción. En estos grupos, los miembros se encuentran en persona y se comunican de palabra y por medios no verbales. Como formas de reducir los problemas más habituales de los grupos de interacción se proponen las siguientes técnicas:

- La lluvia de ideas está destinada a suprimir las presiones uniformadoras en el grupo de interacción que retrasan la concepción de alternativas creativas. Esto se consigue recurriendo a un proceso de generación de ideas en el que se fomentan todas y cada una de las alternativas al tiempo que se evita criticarlas.

- En la técnica del grupo nominal se restringe la discusión o la comunicación entre personas durante el proceso de toma de decisiones, de ahí el adjetivo nominal. Los miembros del grupo están todos presentes, como en la junta habitual de una comisión, pero trabajan independientemente. En concreto, se presenta un problema y se siguen las siguientes fases:
  - Los miembros se reúnen en grupo, pero antes de que inicie una discusión, cada uno escribe por su cuenta sus ideas sobre el problema.
  - Después de este periodo en silencio, cada miembro presenta al grupo una idea. Todos esperan su turno y señalan su idea hasta que se presentan y anotan todas. No hay ninguna discusión hasta que se acopien todas las ideas.
  - El grupo analiza las ideas para aclararlas y las evalúa.
  - Cada miembro, en silencio y por su cuenta, clasifica las ideas. La idea que tenga la mayor puntuación total es la que determina la decisión final.
- Otro método llamado junta electrónica, combina la técnica del grupo nominal con tecnología de cómputo avanzado. Consiste en que hasta 50 personas se sientan en una mesa en forma de herradura en la que solo hay terminales de computadora. Se presentan los asuntos a los participantes para que tecleen sus respuestas en la pantalla. Los comentarios individuales, lo mismo que la suma de los votos, se despliegan en una pantalla de proyección. Las principales ventajas son el anonimato, la franqueza y la velocidad pues muchos participantes pueden "hablar" a la vez sin atropellarse.

Comunicación

La comunicación cumple cuatro funciones principales en un grupo u organización: control, motivación, expresión emocional e información.

La comunicación sirve para controlar de varias maneras la conducta de los miembros. Las organizaciones tienen jerarquías de autoridad y lineamientos formales que se requiere que los empleados sigan.

También fomenta la motivación al aclarar a los empleados lo que hay que hacer, que tan bien lo están haciendo y que puede hacerse para mejorar el desempeño, si no es el óptimo. El establecimiento de metas específicas, la retroalimentación sobre el avance hacia las metas y el reforzamiento de una conducta deseada estimulan la motivación y requieren comunicación.

Para muchos empleados, su grupo de trabajo es una fuente principal de trato social. La comunicación que tiene lugar dentro del grupo es un mecanismo fundamental por el que los miembros manifiestan sus frustraciones y sentimientos de satisfacción. Por tanto, la comunicación proporciona un escape para la expresión emocional de sentimientos y de satisfacción de necesidades sociales.

La última función de la comunicación es la que facilita la toma de decisiones. Ofrece la información que individuos y grupos necesitan para tomar decisiones al transmitir datos para identificar y evaluar opciones alternativas.

Ninguna de estas funciones ha de considerarse más importante que las otras. Para que los grupos tengan un buen desempeño, deben ejercer alguna forma de control sobre sus integrantes, además de que deben ofrecer estímulos para trabajar, medio para la expresión de emociones y opciones de toma de decisiones.

Para que haya comunicación se necesita una intención, manifestada como un mensaje que va a transmitirse. Va de un origen (el emisor) a un receptor. El mensaje se codifica (se convierte en una forma simbólica) y se transmite por obra de algún medio (canal) al receptor, quien retraduce (decodifica) el mensaje enviado por el emisor. El resultado es una transferencia de significado de una persona a otra.

El proceso de la comunicación está compuesto por siete partes: la fuente de la comunicación, codificación, mensaje, canal, decodificación, receptor y retroalimentación.

La fuente inicia un mensaje al codificar un pensamiento. El mensaje es el producto material concreto de la codificación de origen. Cuando hablamos, el discurso es el mensaje. Cuando escribimos es el texto, etc. El canal es el medio por el que pasa el mensaje. Lo elige el emisor, quien también determina que sea un canal formal o informal. Los canales formales los establece la organización y transmiten mensajes que se relacionan con las actividades profesionales de sus miembros.

Siguen la cadena de autoridad dentro de la empresa. Otros mensajes como los de carácter personal o social, utilizan los canales informales de la organización. El receptor es aquel al que se dirige el mensaje. Para recibir el mensaje, los signos que contiene deben adquirir una forma que el receptor comprenda (fase de decodificación del mensaje). El último eslabón del proceso de comunicación es la retroalimentación, la cual es la comprobación de qué tan exitosos hemos sido al transferir nuestro mensaje, como se pretendía originalmente.

Aquí se determina si el mensaje fue bien comprendido.

Comunicación organizacional.

Las redes formales de las organizaciones pueden ser muy complicadas, para simplificar esto, podemos clasificarlas en tres grupos pequeños comunes:

1. La cadena: sigue rígidamente la línea formal de mando. Esta red se aproxima a los canales de comunicación que se encuentran en una organización rígida de tres niveles.
2. La rueda tiene una figura central que funge como el conducto para la comunicación de todo el grupo. Simula la red de comunicación que se encuentra en un equipo con un líder fuerte.
3. La red multicanal permite a todos los miembros de un grupo comunicarse unos con otros. En la práctica distingue a los grupos autodirigidos, en los que todos los integrantes tienen la libertad de dar su aportación y nadie asume un papel de liderazgo.

También hay una red informal llamada rumores. Aunque sean informales, son una fuente importante de información. Poseen tres características:

1. No los controla la administración.
2. La mayoría de los empleados les concede más credibilidad que a los comunicados formales emitidos por la dirección.
3. Sirven sobre todo a los intereses personales de los involucrados

Los rumores son una reacción en situaciones que son importantes para nosotros, cuando hay ambigüedades y en condiciones que producen ansiedad. El hecho de que las situaciones laborales suelen contener estos tres elementos explica por qué proliferan ahí los rumores. Un rumor persistirá hasta que se cumplan los deseos y las esperanzas que crearon la incertidumbre que lo fomentó o hasta que se reduzca la ansiedad.

En conclusión, los rumores son una parte importante de la red de comunicación de cualquier grupo u organización y es de provecho entenderlos. Señala a los administradores los temas confusos que los empleados consideran importantes y que les crean ansiedad. Por tanto, son a la vez un filtro y un sistema de retroalimentación en el que se recogen los asuntos relevantes para los trabajadores. Para los empleados los rumores son importantes porque traducen a su propia jerga los comunicados formales.

Desde el punto de vista de la administración parece posible analizar la información de los rumores y predecir su circulación, dado que sólo un pequeño grupo de individuos (aproximadamente 10%) la pasa a más de una persona.

Al evaluar qué consideran como información relevante los individuos que actúan como enlace, podemos mejorar nuestra capacidad de explicar y predecir los esquemas de rumores. Si bien, la administración no puede eliminar completamente los rumores, sí puede y debe reducir al mínimo sus consecuencias negativas limitando su alcance y efecto.

Algunas sugerencias para mitigar esas repercusiones son las siguientes:

1. Anunciar fechas fijas para tomar decisiones importantes.
2. Explicar las decisiones y conductas que parezcan incongruentes o secretas.
3. Subrayar las desventajas tanto como las ventajas de las decisiones actuales y los planes futuros.
4. Discutir abiertamente las peores posibilidades, casi nunca producen tanta ansiedad como las fantasías silenciosas.

Existen diversas barreras que retardan o distorsionan la comunicación, algunas de ellas son las siguientes:

- Filtrado: se refiere a la manipulación deliberada de la información por parte del emisor, de modo que aparezca más favorablemente a los ojos del receptor. El principal determinante del filtrado es el número de niveles en la estructura de la organización. Cuantos más niveles verticales haya en la jerarquía, hay más probabilidades de que se produzcan filtrados, aunque se puede esperar que aparezcan siempre que haya diferencias de estatus.
- Percepción selectiva: en el proceso de la comunicación los receptores ven y escuchan selectivamente, basados en sus

necesidades, motivaciones, experiencia, antecedentes y otras características personales; es decir, no se ve la realidad, sino que se interpreta lo que se ve y se le llama realidad.

- Sobrecarga de información: se produce cuando la información con que tenemos que trabajar excede nuestras facultades. Los individuos tienen una capacidad finita para procesar información. Cuando se produce la sobrecarga, los individuos descartan, ignoran u olvidan información.
- Emociones: El estado de ánimo que se tenga en el momento de recibir un mensaje influirá en la forma de interpretarlo. Las emociones extremas, como el júbilo y la depresión, entorpecen la comunicación efectiva. En estos casos, somos más proclives a descuidar nuestros procesos de pensamientos racionales y objetivos a cambio de los juicios emocionales.
- Lenguaje: las palabras tienen significados distintos para diversas personas, esto por la influencia en diferencias de edad, educación, antecedentes culturales, etc. Parte del problema radica en que los emisores tienden a suponer que las palabras y términos que utilizan significan lo mismo para el receptor que para ellos, pero esta premisa suele ser incorrecta.
- Ansiedad por la comunicación: Se calcula que del 5 al 20% de la población sufre de ansiedad o miedo al tratar de comunicarse. Las personas con este trastorno experimentan tensión y ansiedad injustificadas ante la comunicación oral o escrita, evitan las situaciones que exigen ejercer esta comunicación, sin embargo, casi todos los puestos de trabajo requieren alguna comunicación.

En conclusión, cuanto menos se distorsione la comunicación, mejor entenderán los empleados los mensajes de la administración sobre metas, retroalimentación y otros temas.

Hay pruebas de la existencia de una relación positiva entre la comunicación eficaz y la productividad de los trabajadores; por tanto, elegir el canal correcto, saber escuchar y tener retroalimentación es vital.

Por otro lado, el proceso de comunicación es complejo y al estar involucrado el factor humano pueden generarse distorsiones, sin embargo, es bueno tener en cuenta todos los factores involucrados y tratar de evitar ambigüedades y comportamientos que lleven a una comunicación ineficaz. El poner especial atención a la comunicación dentro de la organización, contribuirá a forjar una comunicación eficaz y esto a su vez tendrá un impacto positivo en distintas áreas y niveles de la organización.

Elementos de liderazgo

A manera de iniciar basándonos en los conceptos de John Kotter, veamos las diferencias entre liderazgo y gerencia; donde él indica que la gerencia se ocupa de manejar la complejidad.

Enfoques básicos de liderazgo

Una buena gerencia impone orden y congruencia al planear de manera formal, diseñar estructuras organizacionales rígidas y comparar los resultados con los planes. El liderazgo, en contraste, se refiere a manejar el cambio. Los líderes establecen el rumbo con una visión del futuro. Después, para convocar a los empleados, les comunican esta visión y los inspiran para que superen los obstáculos.

El liderazgo es la capacidad de influir en un grupo para que consigan sus metas. La base de estas metas puede ser formal, la que confiere un rango gerencial en una organización. Como estos puestos incluyen alguna autoridad formalmente asignada, las personas que los ocupan asumen el liderazgo sólo por el hecho de estar en ellos. Sin embargo, no todos los líderes son jefes ni todos los jefes son líderes.

El que una organización confiera derechos formales a sus gerentes, no es garantía de que ellos sepan ejercer el liderazgo. El liderazgo informal, la capacidad de influir a pesar de no ser producto de la estructura formal de la organización, es igual de importante o más que la influencia formal. En otras palabras, los líderes pueden surgir dentro de un grupo o ser nombrados formalmente para dirigirlo.

Cabe destacar que para que las organizaciones sean eficaces, requieren de liderazgo y gerencia sólidos. En el mundo dinámico actual, se requiere que los líderes pongan en tela de juicio el estado de las cosas, creen visiones del futuro e inspiren a los miembros de las organizaciones para que las materialicen.

También se necesitan que los gerentes formulen planes detallados, formen estructuras organizacionales eficientes y supervisen las operaciones cotidianas.

A lo largo del tiempo, distintas teorías han dominado el estudio del liderazgo. En los 1940 fueron las teorías de los rasgos, en los 1960 las teorías del comportamiento. En la actualidad, la corriente dominante son las teorías de contingencia. A continuación, se verán, más a detalle cada una de ellas:

Teorías de los rasgos.

Las teorías de los rasgos distinguen a los líderes de quienes no lo son analizando sus cualidades y características personales. Algunos de los términos que se les atribuye son carismáticos, entusiastas y valientes. Desde la década de los 30, se buscan atributos personales, sociales, físicos o intelectuales que describan y distingan a los líderes de los demás.

Los esfuerzos de las investigaciones por aislar los rasgos del liderazgo han terminado en puntos muertos. Parece ser que fue muy optimista el pensar que hubieran rasgos exclusivos y constantes que identificaran a todos los buenos líderes. En cambio, si lo que se quería era identificar rasgos que se relacionaran constantemente con el liderazgo, los resultados aceptaban una interpretación más notable; por ejemplo, ocho rasgos que distinguen a los líderes de los demás son:

- Ambición.
- Energía.
- Deseo de dirigir.
- Honestidad.
- Integridad.

- Confianza en sí mismo.
- Inteligencia (tanto intelectual como emocional).
- Conocimiento del trabajo.

Investigaciones más recientes arrojan pruebas de que las personas que son más flexibles para modificar su comportamiento según las situaciones, tienen más probabilidades de erigirse como líderes de los grupos, incluso equipos, en donde las personas no poseen dicha flexibilidad.

En general, podemos concluir que algunos rasgos incrementan la probabilidad de ser líder, pero ningún rasgo lo garantiza. Continuando con esa línea, podemos identificar cuatro limitaciones de las teorías de los rasgos:

1. No hay rasgos universales que pronostiquen el liderazgo en todas las situaciones, sino apenas en algunas.
2. Los rasgos predicen mejor el comportamiento en situaciones "débiles" que en las "fuertes". Las organizaciones cumplen con la definición de "fuertes" pues son aquellas situaciones en las que hay normas firmes de conducta, grandes incentivos para manifestar ciertos comportamientos y expectativas claras sobre qué conductas se premian y se castigan. Estas situaciones les restan a los líderes oportunidades para expresar sus disposiciones.
3. No hay resultados claros con los cuales separar causas de efectos. Por ejemplo, ¿la confianza en uno mismo es antecedente del liderazgo o el éxito como líder construye la confianza en uno mismo?
4. En última instancia, lo que mejor hacen los rasgos es predecir la aparición del liderazgo, más que distinguir entre líderes eficaces e ineficaces. El hecho de que un individuo muestre los rasgos y otros lo consideren un líder, no significa que vaya a conseguir que su grupo logre sus objetivos.

Estas limitaciones han hecho que los investigadores miren en otras direcciones.

Teorías conductuales.

La diferencia entre las teorías conductuales y de rasgos radica en sus premisas. Si las teorías de rasgos fuesen válidas, los líderes serían innatos. Por otro lado, si hubiesen conductas específicas que identificaran a los líderes, entonces podríamos enseñar el liderazgo, diseñaríamos programas que inculcaran estos patrones de conducta en quienes quisieran hacerse líderes eficaces.

En la teoría conductista más difundida y repetida, surgida en la Universidad Estatal de Ohio, los investigadores querían identificar las dimensiones independientes de la conducta del líder. Comenzaron con más de mil categorías y al final terminaron con dos que, básicamente, daban cuenta de casi toda la conducta del líder descrita por los empleados; fue llamada iniciación de estructura y consideración.

La *iniciación de estructura* se refiere al grado en el que es probable que el líder defina y estructure su papel y los de sus subordinados en el intento de conseguir las metas. El líder que tiene una calificación alta en la categoría de iniciación de estructura es aquel que:

- Asigna tareas específicas a los miembros del grupo
- Espera que sus trabajadores mantengan niveles de desempeño definidos
- Insiste en que se cumplan los plazos".

La consideración se describe como el grado en el que es probable que el líder tenga relaciones de trabajo caracterizadas por la confianza mutua, respeto por las ideas de los subordinados y por sus sentimientos. Se preocupa por la comodidad, el bienestar, el estatus y la satisfacción de sus seguidores. Un líder muy considerado es el que ayuda a sus empleados con sus problemas personales, es amigable, accesible y los trata como iguales.

Si bien, estudios sugieren que una calificación elevada en las dos categorías generalmente tenía resultados favorables, y se encontraron excepciones suficientes que indican que es necesario integrar en la teoría los factores de la situación.

En otros estudios, en la Universidad de Michigan, también se encontraron dos dimensiones de conducta de liderazgo, a las que nombraron "orientación a los empleados" y "orientación a la producción".

Los líderes orientados a los empleados destacaban las relaciones entre personas; se interesaban por las necesidades de los empleados y aceptaban sus diferencias individuales. En contraste, los orientados a la producción se inclinaban por los aspectos técnicos o por las tareas del trabajo. El objetivo principal era cumplir con las tareas del grupo, para lo cual los miembros eran un mero instrumento.

Las conclusiones a las que llegaron los investigadores de Michigan favorecían a los líderes orientados a los empleados, ya que los asociaban con una mayor productividad de grupo y satisfacción laboral. Los líderes orientados a la producción se relacionaron con una baja productividad de grupo y menor satisfacción laboral.

Ambos estudios y sus respectivos resultados proceden de tiempo atrás (finales de los 1940 y comienzos de los 1960), por lo que investigadores de Suecia y Finlandia, con la idea de que aquellos estudios no captan las realidades actuales más dinámicas, se han propuesto volver a examinar si acaso sólo hay dos dimensiones esenciales en el comportamiento de los líderes.
Su premisa es que con los cambios del mundo, los líderes eficaces deberían exhibir un comportamiento orientado al desarrollo; se trata de aquellos que le dan valor a la experimentación, buscan nuevas ideas y generan e implementan cambios.

Dichos investigadores realizan nuevos estudios para averiguar si hay una tercera dimensión: orientación al desarrollo, que se relacione con la eficacia de los líderes. Las primeras pruebas son positivas, pues han encontrado un fuerte respaldo para el concepto de que el comportamiento de liderazgo orientado al desarrollo es una dimensión aparte; además, parece que los líderes que manifiestan una orientación al desarrollo tienen empleados más satisfechos que los consideran más competentes.

En conclusión, las teorías conductuales no han tenido mucho éxito al identificar relaciones constantes entre el comportamiento del líder y el desempeño del grupo. Lo que parece faltar es la consideración de los factores situacionales que influyen en el triunfo o el fracaso.

De acuerdo al avance del tiempo, se fue aclarando paulatinamente que pronosticar el éxito del liderazgo es más complicado que aislar algunos rasgos o conductas preferidas. La incapacidad de los estudios de liderazgo los llevó a enfocarse en factores situacionales. Una cosa era decir que la eficacia del liderazgo dependía de una situación y otra poder aislar las condiciones.

Modelo de Fiedler

El modelo de la contingencia de Fiedler propone que el desempeño eficaz de un grupo depende de la justa correspondencia entre el estilo del líder y el grado en el que la situación le da el control.

Fiedler cree que un factor clave en el éxito del líder es su estilo básico como individuo. Para averiguar cuál es ese estilo escribió el cuestionario del compañero menos preferido (CMP), con el que se pretende medir si una persona se orienta a las tareas o a las relaciones.

Después de que se ha determinado el estilo básico de liderazgo, es necesario hacer corresponder al líder con la situación. Fiedler identificó tres dimensiones de contingencia que, según él, definen los factores situacionales fundamentales que determinan la eficacia del liderazgo:

1. Relaciones entre el líder y los miembros: grado de confianza y respeto que sienten los subordinados por su líder.
2. Estructura de la tarea: grado en que las asignaciones laborales siguen un procedimiento (es decir, están o no están estructuradas).
3. Posición de poder: influencia que se deriva de la posición en la estructura de la organización; comprende el poder de contratar, despedir, disciplinar, ascender y aumentar sueldos.

El paso siguiente de este modelo es evaluar la situación en términos de estas tres variables de contingencia. Las relaciones entre el líder y los miembros son buenas o malas; la estructura de la tarea es mucha o poca, y la posición de poder es débil o fuerte.

La correspondencia entre los líderes y las situaciones más recientes, hicieron llegar a Fiedler a la conclusión de que los líderes orientados a las tareas son mejores en situaciones de mucho o poco control, mientras que los líderes orientados a las relaciones se desenvuelven bien en las situaciones de control moderado.

Para aplicar los resultados anteriores hay que tratar de equiparar las situaciones con los líderes. Los resultados del CMP de un individuo determinarían la situación para la que mejor se presta y esa situación quedará definida por las tres dimensiones de contingencia. Sin embargo, dado que Fiedler supone que el estilo de liderazgo de cada quien es fijo, sólo hay dos maneras de aumentar la eficacia:

1. Cambiar al líder por uno que corresponda a la situación. Por ejemplo, si la situación de un grupo es muy desfavorable y es dirigida por un gerente orientado a las relaciones, el desempeño del grupo podría mejorar si lo sustituyen con uno orientado a las tareas.

2. Cambiar la situación para ajustarla al líder. Por ejemplo, cuando se reestructuran tareas o, se aumenta o reduce el poder que tiene un líder para controlar los factores como aumentos de salarios, ascensos y medidas disciplinarias.

En conclusión, aunque las revisiones de los principales estudios de la validez general del modelo de Fiedler han llegado a conclusiones positivas (hay pruebas suficientes para sustentar partes importantes del modelo), hay problemas con el CMP y es preciso revisar las aplicaciones prácticas del modelo; por ejemplo, las variables de contingencia son complejas y no es fácil evaluarlas, a menudo es difícil determinar cuál es el estado de las relaciones entre el líder y los miembros del grupo, qué tan estructurada está una tarea, entre otros.

Teoría de liderazgo situacional (TLS)

Es una teoría que se enfoca en la madurez de los seguidores. De acuerdo a sus creadores, Paul Hersey y Ken Blanchard, para que el liderazgo sea eficaz, hay que escoger el estilo correcto, el cual dependerá de la madurez de los seguidores.

El énfasis en los seguidores en cuanto a la eficacia del liderazgo obedece al hecho de que son ellos quienes aceptan o rechazan al líder. Sin importar lo que el líder haga, su eficacia depende de las acciones de sus seguidores. El concepto de madurez en este contexto, se refiere a la medida en que las personas tienen la habilidad y la disposición de cumplir con una tarea específica.

Se identifican cuatro comportamientos propios del líder, del más directivo al más liberal. La conducta más eficaz depende de la capacidad y motivación del seguidor:

1. Si un seguidor es incapaz y no desea realizar una tarea, el líder debe dar instrucciones específicas y claras.
2. Si el seguidor es incapaz pero está dispuesto a realizar una tarea, el líder debe exhibir una notable orientación, primero, a la tarea para compensar la falta de habilidad del seguidor, y segunda, a las relaciones, para convencer a los subordinados de los deseos del líder.
3. Si el seguidor es capaz pero no quiere hacer la tarea, el líder tiene que recurrir a un estilo de apoyo y participación.
4. Si el seguidor es capaz y está dispuesto a hacer las cosas, el líder no tiene que hacer mucho.

En conclusión, a pesar de que la TLS tiene un atractivo inmediato, ya que reconoce la importancia de los seguidores y se apoya en el razonamiento de que los líderes pueden compensar las limitaciones de capacidad y motivación de sus seguidores, se han encontrado ambigüedades internas e incongruencias en el modelo en sí, así como problemas metodológicos en las validaciones de la teoría.

Teoría del intercambio de líder y miembros (ILM)

Esta teoría señala que por obra de las presiones de tiempo, el líder establece relaciones especiales con ciertos miembros del grupo que forman su camarilla: confía en ellos, les presta una atención desproporcionada y son objeto de privilegios. Los demás están en la periferia: tienen una parte menor del tiempo del líder, menos de las recompensas preferidas que éste controla y sus reacciones con él son de autoridad formal.

La teoría propone que al principio de la interacción entre el líder y un seguidor, el primero clasifica implícitamente a éste en la camarilla o la periferia. Esta relación se mantiene relativamente estable con el paso del tiempo. No está claro cómo escoge el líder a uno sobre otros, pero hay pruebas de que los líderes tienden a escoger a su camarilla por tener actitudes y características semejantes a las suyas, o bien, porque son más competentes que los otros.

Las investigaciones que han suscitado esta teoría arrojan pruebas sustanciales de que los líderes, en efecto, hacen distinciones entre sus seguidores, de que las disparidades están lejos de ser casuales y de que los seguidores que pertenecen a la camarilla tienen calificaciones de desempeño mayores, menores intenciones de retirarse, mayor satisfacción con su superior y mayor satisfacción general que los de la periferia.

Teoría de la trayectoria a la meta

La esencia de esta teoría es que el trabajo del líder consiste en ayudar a sus seguidores a cumplir sus objetivos y darles la dirección y el apoyo necesario para asegurarse que sus metas sean compatibles con las metas de la organización. La expresión *trayectoria a la meta* se deriva de la convicción de que los líderes eficaces aclaran el trayecto para que los seguidores vayan de donde están a la consecución de sus metas laborales y reduzcan los escollos para que su paso por el camino sea fácil.

El desarrollador de esta teoría, Robert House, identificó cuatro comportamientos de liderazgo:

1. Líder directivo: le muestra a los seguidores lo que se espera de ellos, programa el trabajo que se realizará y da lineamientos concretos sobre cómo cumplir las tareas.
2. Líder que apoya: es amigable y se preocupa por las necesidades de sus seguidores.
3. Líder participativo: consulta con sus seguidores y escucha sus sugerencias antes de tomar una decisión.
4. Líder orientado a los logros: establece metas rigurosas y espera que los seguidores cumplan al más alto nivel.

La teoría también propone dos variables de contingencia que moderan la relación entre el comportamiento del líder y los resultados:

1. Factores de contingencia ambiental: están fuera del control del empleado. Determinan el tipo de conducta que se requiere del líder como complemento para llevar al máximo los resultados de los seguidores.
   o Estructura de tarea.
   o Sistema formal de autoridad.
   o Grupo de trabajo.

2. Factores de contingencia de los subordinados: son parte de las características personales. Determinan la interpretación del ambiente y el comportamiento del líder.
   o Locus de control.
   o Experiencia.
   o Habilidad percibida.

La teoría propone que la conducta del líder será ineficaz si es redundante en relación con las fuentes de la estructura ambiental o si es incongruente con las características del empleado. Algunas ilustraciones de pronósticos basados en la teoría se muestran a continuación:

- El liderazgo directivo produce mayor satisfacción cuando las tareas son ambiguas o tensas que cuando están bien estructuradas y organizadas.
- El liderazgo de apoyo aumenta el desempeño y la satisfacción de los empleados cuando estos realizan tareas estructuradas.

- Los empleados con mucha capacidad percibida o experiencia considerable pensarán que el liderazgo directivo es redundante.
- Los empleados que tienen un locus de control interno estarán más satisfechos con un estilo participativo.
- El liderazgo orientado a los logros incrementará las expectativas de los empleados de que su esfuerzo producirá un desempeño mayor cuando las tareas son estructuradas de manera ambigua.

En lo general, las pruebas de las investigaciones apoyan los argumentos de la teoría de la trayectoria a la meta. Así el desempeño y la satisfacción de los empleados recibirán un influjo benéfico si el líder compensa lo que falte en los empleados o en el trabajo.

Modelo de participación del líder

Es una teoría del liderazgo que provee un conjunto de reglas para determinar la forma y el grado de participación del líder en la toma de decisiones en diversas situaciones. Al reconocer que las estructuras de las tareas tienen diversas exigencias de actividades rutinarias y no rutinarias, la conducta del líder debe ajustarse para reflejar dichas estructuras.

A grandes rasgos, el modelo consta de un árbol de decisiones, una serie de tipos de problema, cinco estilos de liderazgo y doce variables contingentes.

Los cinco estilos de liderazgo son los siguientes:

1. Decisión autocrática. Él mismo soluciona el problema o toma una decisión usando diversos y variados hechos que tenga a la mano.
2. Decisión autocrática recogiendo información. Obtiene la información necesaria de los subordinados y entonces decide la solución al problema.

3. Consulta persona por persona. Comparte en forma individual el problema con los subordinados relevantes, obtiene sus ideas y sugerencias, sin embargo, la decisión es suya.
4. Consulta en grupo. Comparte el problema con sus subordinados como un grupo, obteniendo colectivamente sus ideas y sugerencias. El líder toma la decisión, la cual podría o no reflejar la influencia de sus subordinados.
5. Decisión en grupo. Comparte el problema con sus subordinados como grupo. La meta del líder es ayudarlos a coincidir en una decisión. Sus ideas no tienen un peso mayor que las de los demás.

Las doce variables contingentes son las siguientes:

1. Importancia de la decisión.
2. Importancia de obtener el compromiso de los seguidores con la decisión.
3. Si el líder tiene suficiente información para tomar una buena decisión.
4. ¿Qué tan estructurado está el problema?
5. Si una decisión autocrática sería apoyada por los seguidores.
6. Si los seguidores están convencidos de las metas de la organización.
7. Si hay posibilidad de conflictos entre los seguidores por soluciones alternativas.
8. Si los seguidores tienen la información necesaria para tomar una buena decisión.
9. Los plazos del líder pueden limitar la participación de los seguidores.
10. Si se justifica el costo de reunir miembros que están en lugares distantes.
11. Importancia para el líder de minimizar el tiempo que tardan las decisiones.
12. Importancia de invitar a la participación como herramienta para fortalecer las habilidades de toma de decisiones de los seguidores.

Las investigaciones para comprobar este modelo en general han sido alentadoras. Las críticas se han enfocado en variables que se han omitido y en la complejidad general del modelo, pues es demasiado complicado para que lo utilice el gerente promedio.

Dadas todas las teorías y modelos anteriores, podemos observar que el liderazgo cumple una función central para entender el comportamiento de los grupos, ya que es el líder quien generalmente señala la dirección para cumplir una meta. Por tanto, una capacidad de pronóstico más exacta debe ser valiosa para mejorar el desempeño del grupo.

Lo expuesto anteriormente, consideró los enfoques básicos sobre el liderazgo, no obstante, hay temas contemporáneos del liderazgo que abarcan nuevos conceptos de relevancia importante en el tema.

La confianza es la esperanza positiva de que otra persona no se conducirá de forma oportunista por medio de palabras, obras o decisiones.

La confianza es importante en temas de liderazgo puesto que si los seguidores no confían en sus líderes, no responderán a los intentos de estos por influir en ellos.

Pruebas recientes señalan cinco dimensiones clave que constituyen el concepto de confianza:

1. Integridad: atañe a la honestidad y la veracidad.
2. Competencia: abarca las habilidades y los conocimientos técnicos e interpersonales del individuo. Es poco probable que confiemos en alguien si no sentimos respeto por sus capacidades.
3. Congruencia: se relaciona con qué tanto se puede depender de un individuo, qué tan previsible y de buen juicio es al manejar una situación.
4. Lealtad: es la disposición a defender y dar la cara por otra persona. La confianza requiere que uno cuente con alguien que no actúe de manera oportunista.
5. Franqueza: atañe a preguntarse si es posible confiar en que una persona dirá toda la verdad.

En las relaciones que se dan en las organizaciones hay tres tipos de confianza:

1. Confianza por disuasión. Las relaciones más frágiles se basan en este tipo de confianza, y una falta o incongruencia

pueden destruirlas. Esta forma de confianza parte del miedo a las represalias si ésta se retira. Los individuos que se encuentran en esta relación hacen lo que dicen porque temen las consecuencias de no cumplir con sus obligaciones.

2. Confianza por conocimiento. La mayoría de las relaciones en una organización se arraigan en este tipo de confianza. Está basada en la previsibilidad del comportamiento luego del tiempo de trato. Se da cuando uno tiene información suficiente sobre alguien para entenderlo bien y se puede pronosticar acertadamente su conducta. Es interesante observar que en el plano de la confianza por conocimiento, ésta no la rompe por fuerza un proceder incongruente. Si uno cree que puede comprender o explicarse la infracción del otro, la aceptará, perdonará y seguirá adelante con la relación. En cambio, la misma incongruencia en un plano de disuasión romperá la confianza seguramente y para siempre. En el contexto de la organización, las relaciones entre el gerente y sus subordinados se basan en el conocimiento.

3. Confianza por identificación. El plano superior de confianza se alcanza cuando hay una conexión emocional entre las partes. Permite que uno actúe como agente del otro y lo sustituya en las transacciones con los demás. Se da porque las partes entienden las intenciones del otro y aprecian sus gustos y deseos. En las organizaciones, ocasionalmente se ve una confianza por identificación entre personas que han trabajado juntas mucho tiempo y tienen tanta experiencia que se conocen por dentro y fuera.

Hay distintas corrientes de investigación, las cuales se han centrado en distinguir diferentes tipos de líderes. A continuación, veremos algunos de estos tipos.

Líderes carismáticos.

Los seguidores hacen atribuciones de capacidades de liderazgo extraordinarias o heroicas cuando observan ciertos comportamientos. Las pruebas sobre cómo influyen los líderes carismáticos en sus seguidores apuntan a cuatro pasos:

1. Un líder articula una visión atractiva que ofrece a los seguidores una sensación de continuidad en la que se vincula el presente con un futuro mejor en la organización.
2. El líder comunica expectativas de un desempeño sobresaliente y expresa su confianza en que los seguidores pueden lograrlo, con lo que fortalece su autoestima y su seguridad personal.
3. El líder transmite mediante palabras y actos un nuevo conjunto de valores, y con su comportamiento pone el ejemplo para que lo imiten sus seguidores.
4. Finalmente, el líder hace sacrificios personales y muestra una conducta poco convencional para demostrar su valor y convencimiento de la visión.

Las características fundamentales de los líderes carismáticos son las siguientes:

- Visión y articulación. Tienen una visión (expresada como neta ideal) que proporciona un futuro mejor que el estado actual y son capaces de aclarar la importancia de esa visión en términos que los demás entienden.
- Riesgos personales. Están dispuestos a correr riesgos personales, incurrir en costos elevados y sacrificarse para alcanzar su visión.
- Sensibilidad al entorno. Son capaces de hacer evaluaciones realistas de las limitaciones y los recursos del entorno que se necesitan para suscitar un cambio.
- Sensibilidad a las necesidades. Perciben las necesidades de los demás y responden a sus necesidades y sentimientos.
- Comportamiento poco convencional. Actúan de maneras que parecen novedosas y contrarias a las normas.

Líderes transaccionales

Son líderes que guían o motivan a sus seguidores en la dirección de las metas establecidas aclarando las tareas y papeles.

Las características de estos líderes son las siguientes:

- Recompensas contingentes. Acuerdan un intercambio de recompensas por el esfuerzo y el buen desempeño, reconocen los logros.
- Administración por excepción (activa). Observan y buscan desviaciones de las reglas y criterios, emprenden acciones correctivas.
- Administración por excepción (pasiva). Intervienen sólo si no se cumplen los criterios.
- Política de no intervención. Abdican a sus responsabilidades, evitan tomar decisiones.

Líderes transformacionales

Estos líderes prestan atención a los intereses y necesidades de desarrollo individual de los seguidores; modifican la conciencia que tienen de los temas, pues los ayudan a ver los viejos problemas de maneras nuevas, y son capaces de estimularlos e inspirarlos para que hagan un esfuerzo adicional por alcanzar las metas del grupo.

Las características de estos líderes son las siguientes:

- Carisma. Dan una visión y un sentido de una misión, infunden orgullo, se ganan el respeto y la confianza.
- Inspiración. Comunican esperanzas elevadas, usan símbolos para centrar los esfuerzos, expresan propósitos importantes con términos sencillos.
- Estímulo intelectual. Promueven la inteligencia, la racionalidad y la solución cuidadosa de los problemas.
- Interés personalizado. Prestan atención personal, tratan en lo individual a cada empleado, dirigen, aconsejan.

Liderazgo visionario

Este tipo de liderazgo se define como la capacidad de crear y articular una visión realista, atractiva y creíble del futuro de la organización o la unidad organizacional que crece y mejora a partir del presente.

Una visión comprende una pintura clara e irresistible que ofrece una manera nueva de mejorar, que reconoce y aprovecha las tradiciones y entrelaza las acciones que las personas pueden emprender para realizar un cambio. La visión nutre las emociones y energía de las personas. Cuando está bien articulada, genera el entusiasmo que la gente siente por los encuentros deportivos y otras actividades del tiempo libre y lleva al trabajo esta energía y dedicación.

Las propiedades fundamentales de una visión son posibilidades de inspiración centradas en los valores, asequibles, ricamente imaginables y articuladas. Las visiones deben poder crear posibilidades que inspiren, sean únicas y ofrezcan un orden nuevo que distinga a la organización.

Las tres cualidades principales de un líder visionario son las siguientes:

1. Capacidad de explicar la visión a los demás. El líder necesita comunicar claramente la visión de palabra y por escrito, en lo que respecta a las acciones necesarias y los fines.
2. Capacidad de expresar la visión no sólo lingüísticamente, sino también con su comportamiento. Adquiere una exigencia de conducirse de maneras que transmitan y refuercen la visión.
3. Habilidad para poder extender la visión a diversos contextos de liderazgo. Capacidad de ordenar las actividades para que la visión se aplique a diversas situaciones.

Inteligencia emocional y eficacia del liderazgo

Estudios recientes muestran que la inteligencia emocional, más que el coeficiente intelectual, la destreza o cualquier otro factor individual, es el mejor pronosticador de quién surgirá como líder.

Sin inteligencia emocional, una persona puede tener una capacitación sobresaliente, una mente muy analítica, una visión a largo plazo y un caudal inacabable de grandes ideas, pero ni así logra ser un gran líder. Esto es cierto sobre todo cuando los individuos ascienden en la organización. Es por ello, que vale la pena hacer un breve repaso sobre los cinco componentes de la inteligencia emocional:

1. Conciencia. Mostrar confianza en él, hacer evaluaciones realistas y tener la capacidad de reírse de sí mismo.
2. Administración personal. Ser confiable e íntegro, mostrarse cómodo en las ambigüedades y abierto al cambio.
3. Motivación. Tener un gran impulso por las realizaciones, optimismo y un compromiso sólido con la organización.
4. Empatía. Pericia para formar y retener a las personas talentosas, sensibilidad a otras culturas y, servicio a clientes y compradores.
5. Habilidades sociales. Capacidad de encabezar el cambio, dotes de persuasión y pericia para formar y dirigir equipos.

Liderazgo del equipo

La función del líder de un equipo es distinta de la función tradicional de liderazgo que cumplen los supervisores de piso.

La transición de supervisor a líder de equipo supone un gran reto, puesto que ya no se consideran apropiadas todas las actividades de orden y control que antes los alentaban a realizar. Se busca que se conviertan en facilitadores.

Un líder de equipo debe poseer habilidades como la paciencia para compartir información, confiar en los demás, ceder autoridad y saber cuándo intervenir. Deben aprender a dominar el equilibrio entre saber cuándo dejar solo al equipo y cuándo participar.

El trabajo del líder de equipo es centrase en dos prioridades: manejar el límite exterior del equipo y facilitar los procesos del equipo. A su vez, estas prioridades se dividen en cuatro funciones específicas que indican lo que deben ser y hacer los líderes de equipo:

1. Son enlaces con unidades externas. El líder representa al equipo ante la dirección y ante otros equipos internos: clientes y proveedores. Consigue recursos necesarios, aclara las expectativas de los demás sobre el equipo, reúne información externa y la comparte con los integrantes.
2. Solucionan problemas. Cuando un equipo tiene problemas y pide ayuda, los líderes convocan juntas para tratar de resolverlos.
3. Son administradores de conflictos. Cuando surgen los desacuerdos, ayudan a solucionar los conflictos. ¿Cómo se originaron? ¿A quiénes comprenden? ¿Cuáles son los asuntos? ¿Qué opciones hay para resolverlos? ¿Cuáles son las ventajas y desventajas de cada una? Al hacer que los integrantes se ocupen de estas preguntas, el líder disminuye los trastornos que causan los conflictos internos.
4. Son entrenadores (coaches). Aclaran expectativas y funciones, enseñan, apoyan, alientan y hacen lo que sea necesario para que los integrantes mejoren su desempeño en el trabajo.

Mentores

Un mentor es un empleado de mayor edad que patrocina y apoya a un empleado menos experimentado. Esta función comprende entrenar, asesorar y patrocinar. Como entrenadores, los mentores hacen que sus protegidos ejerciten sus habilidades. Como consejeros, brindan apoyo y fomentan la confianza. Como patrocinadores, intervienen activamente a nombre de sus protegidos, cabildean para que a sus protegidos les asignen encargos visibles y hacen política para que les den recompensas como ascensos y aumentos.

Los buenos mentores son también buenos maestros. Presentan las ideas con claridad, escuchan bien y entienden los problemas de sus protegidos. También comparten sus experiencias, fungen como modelos a seguir, comparten sus contactos y son guías en el laberinto político de la organización.

Las relaciones de tutoría más eficaces son las que se dan fuera de la estructura inmediata de jefe y subordinado, pues la mayoría de las veces en este contexto hay tensiones y conflictos de intereses atribuibles que los gerentes evalúan directamente al desempeño de los subordinados, lo que limita la franqueza y la profundidad de la comunicación.

El mentor crea un sistema de apoyo para los empleados de más potencial. Cuando hay mentores, los protegidos se sienten más motivados, mejor parados políticamente y es menos probable que renuncien.

En conjunto, la existencia de mentores dentro de una organización, resulta benéfica en diversos sentidos, tanto para el protegido y el mentor como para la organización misma, ya que se ha encontrado que cuando los protegidos sostenían una relación significativa con un mentor, los primeros tenían ascensos más favorables y frecuentes, ganaban más que quienes no contaban con un mentor, estaban más comprometidos con la organización y tenían más éxito profesional.

Coaches

Un coach es un asesor externo a la organización que tiene el objetivo de potencializar las habilidades o potencial profesional, por lo que los requerimientos de que se debe desarrollar los solicita el cliente, el coach está enfocado en la tarea y rendimiento de un puesto, por lo que se convierte en una actividad táctica, a diferencia del mentor que desarrolla lo estratégico, a diferencia de un mentor, el coach no aconseja ni recomienda, facilita a que su asesorado encuentre sus propias respuestas.

El coach debe preguntar siempre para que el cliente entienda, o al menos piense lo que debe responder; también el tiempo de trabajo con un coach es corto, dado que se esperan obtener resultados rápidos.

Si es estudiante, puede considerar este ejemplo, cuando entra una persona a la licenciatura, algunas universidades asignan tutores a los alumnos, la función de un tutor en estricto sentido sería la de

---

enseñar o solventar dudas académicas, apoyo en la solución de problemas de aprendizaje o que le facilite la construcción de conocimientos mientras esta en el proceso escolar siendo el tutor parte del claustro académico; un mentor para un estudiante, en mi propuesta, es un consejero externo a la escuela, con experiencia profesional en el área en la cual se piensa desarrollar el estudiante y que además tuvo la carrera afín al estudiante, entonces es estudiante se convierte en una forma de aprendiz o discípulo del mentor.

Los casos de éxito de mentoría y tutoría en las escuelas, aparecen cuando ambas partes están comprometidas con sus roles, no solamente fungiendo en el cuadro como tal, pero si ejerciendo las labores.

Podemos concluir este tema indicando que todo mentor es un coach, pero no todo coach es un mentor.

Liderazgo de uno mismo

El liderazgo de uno mismo se puede definir como una serie de procesos mediante los cuales los individuos controlan su propia conducta.

Es relevante puesto que los líderes eficaces ayudan a sus seguidores a dirigirse a ellos mismos. Para lograrlo, fomentan en los demás la capacidad de liderazgo y alientan a sus seguidores para que ya no dependan de líderes formales que los dirijan y los motiven.

A continuación, se presentan algunos elementos que utilizan los líderes para formar líderes que se dirijan solos:

- Ejemplifican el liderazgo de uno mismo. Se observan, se fijan metas personales difíciles, se dirigen y se refuerzan. Hacen patentes estos comportamientos y alientan a los demás a practicarlos y ejecutarlos.

- Alientan a los empleados para que se fijen sus metas. Tener metas específicas y cuantitativas es la parte más importante del liderazgo de uno mismo.
- Estimulan el hábito de recompensarse para fortalecer e incrementar las conductas deseadas. En cambio, hay que limitar el acto de castigarse sólo a las ocasiones en que se ha sido deshonesto o destructivo.
- Crean hábitos de pensamiento positivo. Incitan a los empleados a ejercer la visualización creativa y el diálogo interno para reforzar su propia motivación.
- Crean un ambiente de liderazgo de uno mismo. Rediseñan las tareas para aumentar las recompensas propias del trabajo y para centrarse en estas características e incrementar la motivación.
- Alientan la autocrítica. Animan a los empleados a ser críticos con su propio desempeño.

Las premisas del liderazgo de uno mismo es la responsabilidad de las personas, capaces y listas para ejercer su iniciativa sin las restricciones externas de jefes, reglas y normas. Con apoyo, los individuos pueden supervisar y controlar su comportamiento.

La importancia del liderazgo de uno mismo ha aumentado con la creciente popularidad de los equipos, ya que los equipos facultados para dirigirse, sólo necesitan individuos que se manejen a sí mismos.
De acuerdo a las diversas exposiciones anteriores, pareciera ser que el liderazgo es muy importante en cualquier ámbito y situación. Sin embargo, es importante tener una visión general acerca de este tema. A continuación, se abordarán un par de puntos de vista que ponen en tela de juicio la difundida creencia de la importancia del liderazgo.

Conflicto y negociación

Los conflictos son muy frecuentes dentro de las organizaciones y estos no pueden ni deben ser eliminados, un conflicto surge porque los integrantes de la organización tienen metas propias y los recursos son escasos, también se considera que las prácticas modernas administrativas, tales como el empoderamiento (permite a las personas de una organización sentirse como si fuesen dueños de ésta, para no crear fallas de trabajo por sentirse ajenos a ella) y los equipos auto dirigidos en los que las personas trabajan de manera independiente y se les tiene que coordinar, abren la posibilidad a múltiples conflictos (Robbins,Coulter, 2005).

Otra corriente de pensamiento argumenta que el conflicto es un resultado natural e inevitable en cualquier grupo y que no necesariamente es dañino, sino que tiene el potencial de ser una fuerza positiva para determinar el desempeño del grupo.

No necesariamente los conflictos son malignos para una organización, algunas veces se promueve que existan conflictos sobre un grupo armonioso, pacífico y cooperativo, ya que éste se vuelve con facilidad estático, apático y sin responsabilidad ante el cambio y la innovación.

Según Robbins y Judge (2009) el proceso de conflictos tiene cinco etapas:

- Etapa 1. La oposición potencial o incompatibilidad: es la presencia de condiciones que generan oportunidades para el surgimiento del conflicto. No precisamente se ve el conflicto de manera directa, pero si éste surge en una de dichas contradicciones es necesario.

- Etapa 2. Cognición y personalización: si las condiciones mencionadas en la etapa 1 afectan negativamente algo que una parte valora, entonces el potencial para la oposición o incompatibilidad se concreta en la segunda etapa. La etapa II es importante porque es la que tiende a definir los aspectos del conflicto.
- Etapa 3. Intenciones: intervienen entre las percepciones y emociones de la gente y su comportamiento manifiesto. Estas intenciones son decisiones para actuar en una forma dada. Las interacciones se separan como una etapa distinta porque se tienen que inferir lo que el otro pretende para saber cómo responder a su comportamiento.
- Etapa 4. Comportamientos: la etapa de comportamiento incluye las expresiones, acciones y reacciones que hacen las partes en conflicto. Estos comportamientos de conflicto por lo general son intentos abiertos de implementar las intenciones de cada parte, pero tienen una calidad de estímulos que está separada de las intenciones.
- Etapa 5. Resultados:
    - Resultados funcionales: el conflicto es constructivo si mejora la calidad de las decisiones, estimula la creatividad y la innovación, aumenta el interés y curiosidad entre los miembros del grupo, da un medio para que los problemas puedan ventilarse y las tensiones liberarse y, alimenta el ambiente de autoevaluación y cambio.
    - Resultados disfuncionales: entre las consecuencias más indeseables se encuentran la lentitud en la comunicación, disminución de la cohesión del grupo, subordinación de las metas del grupo y la animosidad entre los miembros. En el extremo, el conflicto detiene el funcionamiento del grupo y es una amenaza potencial para su supervivencia.

La forma más adecuada de resolver un conflicto es la negociación, ésta nos dice que es una situación en la que dos o más partes interdependientes reconocen que tienen intereses contrapuestos y deciden mediante el diálogo y las concesiones llegar a un acuerdo aceptable y satisfactorio para ambas partes (Silva/Rodríguez, 2008).

El proceso de negociación consta de cinco etapas:

- Preparación y planeación
- Definición de reglas generales
- Aclaración y justificación
- Toma de acuerdos y solución de problemas
- Cierre de implementación

Otro factor posible en las negociaciones son las terceras partes. Un mediador es un tercero neutral que facilita una solución negociada por medio del razonamiento y la persuasión, sugiere alternativas, entre otras. Un árbitro es una tercera persona con autoridad para dictar un acuerdo.

Un conciliador es un tercero de confianza que constituye un vínculo de comunicación informal entre el negociador y el oponente. Un consultor es un tercero capacitado e imparcial que trata de facilitar la solución de un problema por medio de la comunicación y el análisis, auxiliado por el reconocimiento de manejo de conflictos.

Código de Ética Profesional

"Hemos creado una atmósfera en la que el policía honesto teme al funcionario deshonesto, y no al revés..."

Serpico

Como profesionista, he padecido y visto un vago interés o desconocimiento consciente en puntuales y excepcionales escuelas o funcionarios, para la enseñanza e incluso práctica y aplicación de un código de ética, usted como lector del área, más si es un técnico, profesionista o futuro profesionista, debe tener al menos una referencia base de los principios mínimos que debemos aplicar en la *praxis*.

Esta es una propuesta base para un Código de Ética Profesional cuyo propósito es ofrecer un punto de partida a posibles asociaciones, personas u otras organizaciones para desarrollar un Código alineado a su especialidad, sugiero contacten al área de Colegios Profesionales de la Secretaría de Educación Pública (SEP) si necesitan ahondar o desarrollar con una excelente orientación y apoyo.

Actualmente la falta de calidad moral y ética que algunos funcionarios públicos de alto nivel, profesores y directores de algunas escuelas y facultades que han salido a la luz pública, considero ha permeado en una falta de sensibilidad al alumno o incluso al profesionista para que ejerza la práctica profesional bajo un ámbito de legitimidad, honestidad y moralidad que dé en consecuencia, mayor beneficio a la sociedad.

Si bien existen leyes, reglamentos que regulan el ejercicio profesional, debe ser inherente a un profesionista de la computación, de la informática y más aún de los científicos de la computación, el ejercer de forma proba y correcta no es una constante, y debiera ser, dado que somos individuos con el privilegio de haber obtenido conocimientos y habilidades necesarias para practicar nuestra profesión.

El Departamento de Colegios de Profesionistas de la SEP, menciona, en sus propuesta general de Código de Ética que: "...se debe contribuir solidariamente al reencuentro, nuestra identificación con los valores que propicien una vida digna, justa e igualitaria, pero también se debe estar convencido del compromiso que se contrae al recibir la investidura que acredita para tal ejercicio profesional."

El construir este perfil ético viene desde el hogar, sin embargo, al ser de desarrollo y formación académica, debe ser impulsado, mantenido y desarrollado por los profesores de la carrera, especialidad o posgrado en curso y cuestión, sin embargo, es materia olvidada o sólo parte de una asignatura que recitan y olvidan de manera consciente en la *praxis*.

A diferencia de las normas legales, las normas éticas cuando se incumplen no tiene una penalidad o no cuentan con facultad punitiva del Estado que sancione su incumplimiento, entonces el cumplir la ética depende exclusivamente de la voluntad de quien se ha impuesto por sí mismo, por auto convencimiento, el deber de cumplirla; quizás es aquí donde bastantes funcionarios públicos abusan de su posición temporal y "aprovechan ventajosamente y en su beneficio individual, lo no punitivo", dado que es la voluntad del individuo que la ejecuta y no se puede de manera forzada imponer su acatamiento.

En la ciencia, el cuestionamiento científico ha permitido crecer el valor de la innovación, conocimiento y desarrollo de conceptos, teorías y más; sin embargo cuando un profesionista, no ético, tiene puestos de "poder" suele tener *lapsus* y olvidar lo que es conveniente para el deber ser, adherirse a un código ético de conducta, siempre y cuando la persona acepte y entienda el valor que se atribuye y se reconoce a la razón de ser de la norma, que no es otra que el bien cultural y social que preserva.

Para nuestro caso la palabra profesionista es cualquier persona relacionado con el ámbito del cómputo.

A continuación listo una propuesta base que invito a ser considerada y que debiera respetar un profesionista ético, contiene propuestas o artículos de otros códigos de profesionistas, sin embargo, puede aplicar también para otras profesiones como podrá entender una vez que lo lea y medite:

- El profesionista debe usar todos sus conocimientos científicos y recursos técnicos en el desempeño de su profesión.
- El profesionista debe conducirse con justicia, honradez, respeto, discreción, sinceridad, honestidad, lealtad, formalidad, honorabilidad, responsabilidad, integridad, dignidad, buena fe y en estricta observancia a las normas legales y éticas de su profesión.
- El profesionista debe mantener rigurosamente la confidencialidad de la información de uso restringido que le sea entregada, con la excepción de lo que le sean requeridos conforme a la Ley.
- El profesionista debe cobrar sus honorarios en razón a la proporcionalidad, importancia, tiempo y grado de especialización requerido para los resultados que el caso particular requiera, con base en el principio de voluntad de las partes.
- El profesionista debe mantenerse actualizado en su materia a lo largo de su vida para brindar un servicio de calidad total
- El profesionista debe limitarse a mantener una relación profesional con sus clientes
- El profesionista solamente se responsabilizará de los asuntos cuando tenga capacidad para atenderlos e indicará los alcances de su trabajo y limitaciones.
- El profesionista debe dignificar su profesión mediante el buen desempeño del ejercicio profesional y el reconocimiento que haga a los profesores que le transmitieron los conocimientos y experiencia y denunciar a los malos profesores ante su escuela.
- El profesionista aceptará únicamente los cargos para los cuales cuente con los conocimientos, capacidad y nombramientos necesarios y suficientes, realizando en éstos todas sus actividades con responsabilidad, efectividad y calidad.
- El profesionista debe anteponer sus servicios profesionales sobre cualquier otra actividad personal.

- El profesionista debe responder individualmente por sus actos, que con motivo del ejercicio profesional dañen o perjudiquen a terceros, bien público o al patrimonio cultural.

- El profesionista no debe asociarse profesionalmente con persona alguna que no tenga cédula para el ejercicio profesional, ni dejar que ésta u otras utilicen su nombre o cédula profesional.

- El profesionista debe prestar sus servicios al margen de cualquier tendencia xenofóbica, racial, sexista, religiosa o política.

- El profesionista al emitir una opinión o juicio profesional en cualquier situación y ante cualquier autoridad o persona, debe ser imparcial, ajustarse a la realidad y comprobar los hechos con evidencias.

- El profesionista deberá evaluar todo trabajo profesional desde una perspectiva objetiva y crítica.

- El profesionista debe intervenir a favor de sus colegas en caso de injusticia.

- El profesionista debe participar activamente en su entorno social difundiendo la cultura y valores nacionales

- El profesionista debe denunciar a los profesionistas corruptos ante el colegio correspondiente al tener constancia o evidencia del hecho.

- El profesionista debe dar crédito por la intervención de cualquier tercero en los asuntos, investigaciones y trabajos elaborados en conjunto.

- El profesionista debe procurar su desempeño y desarrollo profesional en las localidades o instituciones donde más pueda contribuir con sus conocimientos al desarrollo nacional.

- El profesionista debe servir como auxiliar de las instituciones de educación, investigación científica, proporcionando a estas los documentos o informes que se requieran, procurando participar como profesor para compartir los conocimientos actualizados y de valor que propicien contribuir al desarrollo de las nuevas generaciones de profesionistas.

Como profesionista cabal, debemos defender con la verdad y fortaleza los derechos de las personas e instituciones para enaltecer los actos de la profesión a la cual pertenecemos, es posible que cuando las instituciones o grupos son débiles o corruptos, el que sufra la consecuencia y veto será el profesionista que pretenda ser congruente, pero en el plano profesional, personal, ético y moral estará cumpliendo con su protesta que como profesionista hizo en la institución correspondiente, este último punto puede servirle de indicador de lo desarrollado y correcta que es su institución o gremio.

Información técnica adicional de referencia

Documentación elemental basada en IEEE

Es relevante mencionar que la IEEE tiene para todo el ciclo de vida de desarrollo diversos estándares, los cuales mencionamos en la tabla a continuación se presenta

Tabla 6 Algunos estándares del ciclo de vida del software

Sigla	Estándar referido a y su numero
SQA	Software quality assurance IEEE 730
SCM	Software configuration management IEEE 828
STD	Software test documentation IEEE 829
SRS	Software requirements specification IEEE 830
V&V	Software verification and validation IEEE 1012
SDD	Software design description IEEE 1016
SPM	Software project management IEEE 1058
SUD	Software user documentation IEEE 1063

Software Requirements Specification (SRS)

El estándar IEEE 830-1998 SRS (*Software Requirements Specification*) es un conjunto de recomendaciones para la especificación de los requerimientos o requisitos de software. Tiene como producto final la documentación de los acuerdos entre el cliente y el grupo de desarrollo para así cumplir con la totalidad de exigencias estipuladas.

Incluye un conjunto de casos de uso que describe todas las interacciones que tendrán los usuarios con el software, requisitos no funcionales que son requisitos que imponen restricciones en el diseño o la implementación.

En el estándar se sugieren algunas características para lograr un buen documento final; de acuerdo a estas recomendaciones, la especificación de requerimientos deberá ser:

- Completa. Todos los requerimientos deben estar reflejados en ella y todas las referencias deben estar definidas.
- Consistente. Debe ser coherente con los propios requerimientos y también con otros documentos de especificación.
- Inequívoca. La redacción debe ser clara de modo que no se pueda mal interpretar.
- Correcta. El software debe cumplir con los requisitos de la especificación.
- Trazable. Se refiere a la posibilidad de verificar la historia, ubicación o aplicación de un ítem a través de su identificación almacenada y documentada.
- Priorizable. Los requisitos deben poder organizarse jerárquicamente según su relevancia para el negocio y clasificarse en esenciales, condicionales y opcionales.
- Modificable. Aunque todo requerimiento es modificable, se refiere a que debe ser fácilmente modificable.
- Verificable. Debe existir un método finito sin costo para poder probarlo.

Un ejemplo de la estructura de este documento se muestra a continuación:

- Propósito
    - o Definiciones
    - o Resumen del sistema
    - o Referencias
- Descripción general
    - o Perspectiva del producto
        - ▪ Interfaces del sistema

- Interfaces de usuario
- Interfaces de hardware
- Interfaces de software
- Interfaces de comunicación
- Restricciones de memoria
  - Restricciones de diseño
    - Operaciones
    - Requisitos de adaptación del sitio
  - Funciones del producto
  - Características del usuario
  - Restricciones, suposiciones y dependencias
- Requisitos específicos
  - Requisitos de interfaz externa
  - Requerimientos funcionales
  - Requisitos de desempeño
  - Requisito de la base de datos lógica
  - Atributos del sistema de software
    - Confiabilidad
    - Disponibilidad
    - Seguridad
    - Mantenibilidad
    - Portabilidad
  - Otros

Software Design Descriptions (SDD)

El estándar IEEE 1016-2009 SDD (*Software Design Descriptions*) es el estándar que especifica el contenido de la información y la organización requerida en un documento de descripciones de diseño de software.

El SDD generalmente contiene la siguiente información:

- Diseño de datos: describe estructuras que residen dentro del software. Los atributos y las relaciones entre los objetos de datos dictan la elección de las estructuras de datos.
- Diseño de la arquitectura: utiliza características de flujo de información y las asigna a la estructura del programa. El

método de mapeo de transformación se aplica para exhibir límites distintos entre los datos entrantes y salientes. Los diagramas de flujo de datos asignan la entrada de control, el procesamiento y la salida a lo largo de tres módulos separados.

- Diseño de la interfaz: describe las interfaces internas y externas del software. Los diseños de interfaz interna y externa se basan en la información obtenida del modelo de análisis.

- Diseño de procedimientos: describe los conceptos de programación estructurada usando notaciones gráficas, tabulares y textuales. Estos medios de diseño permiten al diseñador representar detalles de procedimiento que facilitan la traducción al código. Este plan para la implementación forma la base de todo el trabajo posterior de ingeniería de software.

Documentación de proyectos

La base de todo proyecto se fundamenta en la documentación generada para poder obtener las piezas con las que obtendremos el servicio o producto demandado. De ahí la importancia de saber elaborar, organizar y compartir toda la documentación necesaria para cualquier proyecto.

Durante la ejecución del proyecto se genera una gran cantidad de documentación de diferentes tipos; para lograr una gestión adecuada de la misma, es necesario estar familiarizado con dichos tipos. A continuación, se detallan algunos de ellos:

- Documentos de gestión. Aquí estarían todos los documentos que usamos para planificar y gestionar el proyecto, tales como el cronograma, organigramas, lista de entregables, entre otros. Estos documentos muestran el camino que debe seguir el proyecto para poder cumplir con sus objetivos, aunque este camino va ajustándose a medida que avanza el proyecto generando nuevas versiones que deben ser archivadas y gestionadas.

- Documentación comercial. En muchos casos el proyecto se ejecuta a petición de un cliente, o necesitamos comprar productos o servicios para ejecutar éste. En ambos casos se generarán contratos, ofertas y pedidos de compra que definirán nuestras obligaciones hacia el cliente, y las de los proveedores hacia nosotros.
- Las facturas documentan los gastos e ingresos relacionados con el proyecto, y están directamente relacionadas con los contratos mostrados en el punto anterior.
- Documentos de trabajo. Son todos los documentos usados por los miembros de equipo del proyecto para poder ejecutar éste y crear los entregables, aunque formalmente no formen parte de estos. Aunque en algunos casos estos documentos sólo afectan a la persona que los crea, otras veces deberán ser compartidos por un grupo que trabaja en conjunto en una misma tarea.
- Varios proyectos implican la entrega de documentación (planos, manuales, instrucciones, etc.), los cuales forman parte del alcance y deben ser entregados para poder completar el proyecto. Aquí la dificultad radica en separar estos de los documentos de trabajo del punto anterior, basándose en el sistema de aprobación, y documentando las diferentes versiones que podamos ir generando.

Puede haber otros grupos en función del proyecto, pero los indicados anteriormente pueden cubrir la mayoría de los documentos generados, y sirven para definir los requisitos del sistema de gestión de documentación del proyecto, el cual es una herramienta, un programa informático o simplemente un proceso, que nos permite controlar y mantener ordenada la documentación que se va generando a lo largo del proyecto.

Software gratuito para administración de proyectos

GanttProject

GanttProject es una aplicación de escritorio multiplataforma para la programación y gestión de proyectos, muy similar a Microsoft Project. Se ejecuta en Windows, Linux y MacOSX, es libre y su código es opensource. Basada en lenguaje Java y con licencia GPL, es un proyecto de software que surgió en la Universidad de Marne-la-Vallée, en Francia.

Una de sus funcionalidades principales es la creación de diagramas de Gantt. El diseño del gráfico permite visualizar el desglose de tareas o actividades programadas, los eventos o hitos en el desarrollo del proyecto, además de las relaciones jerárquicas y de interdependencia entre tareas. GanttProject muestra una barra para añadir actividades asociadas a una duración determinada y a una mano de obra específica.

Una vez que ya se han incorporado, se pueden establecer asociaciones entre ellas, según diferentes correlaciones: inicio-inicio, fin-inicio, u otras similares. Definidas las tareas, los eventos y su relación temporal, aparecerá el calendario de la planificación del proyecto, con inclusión de fechas y recursos, además de otras informaciones adicionales.

Otra funcionalidad interesante de la aplicación GanttProject es que genera automáticamente un diagrama PERT asociado y un diagrama de recursos humanos necesarios asignados a cada tarea. Estas representaciones gráficas adicionales facilitan a los responsables una visión más clara en lo que se refiere a la oportuna progresión en el desarrollo del proyecto, y a la adecuación del personal implicado en el mismo.

GanttProject no dispone de funciones avanzadas como, por ejemplo, la contabilidad de costos, servicio de mensajes o control de documentos.

Redmine

Redmine es otra herramienta para la gestión de proyectos, que con sus diversas funcionalidades permite a los usuarios de diferentes proyectos realizar el seguimiento y organización de los mismos, al estar escrito en *Ruby on rails* y con licencia GPL. Se ejecuta en Windows, Linux y MacOS

Es multiproyecto y multiusuario, permite crear las tareas, asignarlas a recursos o grupos, nos proporciona métricas, podemos hacer el seguimiento de requerimientos a través de él.

Al tener opción de extensiones puede complementarse de manera integrada con software para gestión de la configuración del software, tal como subversión, mantis, CVS, Git, mercurial por mencionar algunos, su manejo de flujo incluso puede apoyarle en generar una plataforma completa para incluso tener alineados los procesos de alta madurez de su organización, si es el caso o si piensa llegar a ese nivel.

Qualipso

El proyecto integrado Qualipso (*Quality Plataforma para Open Source*) se ocupa principalmente para definir e implementar tecnologías, procedimientos, leyes y políticas con el objetivo de potenciar las prácticas de desarrollo de software libre, haciéndolas con confianza, reconocidas y establecidas en la industria. Para viabilizar el proyecto y la sustentación del software libre como una solución confiable para la industria, se creó un consorcio formado por industrias, academia y gobierno.

El enfoque de Qualipso, como software llibre, abarca:
- Utilizar estándares abiertos y desarrollar software de código abierto
- Estar basado en una comunidad abierta, formada por científicos, investigadores, profesionales y usuarios, para evolucionar sus recursos
- Estar abierto a expansiones por medio de la inserción de nuevos escenarios de aplicación y de resultados de proyectos.

Los objetivos establecidos para el proyecto son:

- Definir métodos, procesos de desarrollo y modelos de negocio para el desarrollo e implementación de sistemas en software libre, garantizando a los consumidores de software que determinado proyecto de software libre cumple con los estándares exigidos para el software por la industria;
- Diseñar e implementar un entorno con herramientas integradas que facilite y soporte el desarrollo de soluciones de software libre para la industria;
- Implementar herramientas específicas para evaluar la calidad de características como robustez o escalabilidad;
- Implementar y apoyar prácticas de administración de información (incluyendo código fuente, documentación e intercambio de información entre todos los actores involucrados en un proyecto de software) para mejorar la productividad del desarrollo y la evolución de soluciones de software libre;
- Demostrar la interoperabilidad de las soluciones en software libre a través de paquetes de prueba y calidad;
- Entender las condiciones legales que protegen y reconocen los productos desarrollados en software libre, pero que no violan las características del enfoque de desarrollo de software libre; y
- Desarrollar una red de profesionales que se preocupe por la calidad de las soluciones desarrolladas en software libre para las empresas de computación.

Citas en formato APA

El estilo APA tiene dos componentes inseparables: las citas dentro del texto y la lista de referencias. En las citas dentro del texto, como su nombre lo indica, se incluyen dentro del cuerpo del documento. A continuación, se muestran unos ejemplos para citar con el uso del Sistema para citas de la Asociación Estadounidense de Psicología, (APA):

Libros

Apellido paterno, inicial del nombre(s). (Año de publicación). *Título del libro* (número de edición si tiene). Ciudad, País: editorial.

Nota: Se puede enunciar hasta 5 autores separados por comas, al poner el último autor se pone una "y". Si tiene dos apellidos se ponen los dos y únicamente las iniciales de los nombres.

Ejemplo:

Hernández Sampieri, R., Fernández-Collado, C. y Baptista Lucio, P. (2006). *Metodología de la Investigación* (4° ed.). México: McGraw Hill.

Título de un artículo o libro

Periódicamente

Apellido paterno, inicial del nombre(s). (Año). **Título del capítulo del libro o artículo**. *Título del libro o revista, volumen*, páginas.

Ejemplo:

Deutsch, F. M., Lussier, J.B., y Servis, L. J. (1993). **Husbands at home of paternal participation in childcare and housework**. *Journal of Personality and Social Psycology, 65*, 1154 – 1166.

No Periódicamente

Apellido paterno, inicial del nombre(s). (Año). **Título del capítulo del libro o artículo**. En (autor del libro o editor), *Título del libro* (número de edición si tiene, páginas). Ciudad, País: editorial.

Ejemplo:

O'Neil, J. M. y Egan, J. (1992). **Men's and women's gender role journeys: Metaphor for healing, transition and transformation.** En B.R. Wainrib (Ed.), *Gender issues across the life cycle,* (pp. 107 – 123). Nueva York: Springer.

Parte o capítulo de un libro.

Apellido paterno, inicial del nombre(s). (Año). Título del capítulo del libro. En (autor del libro o editor), *Título del libro* (número de edición si tiene, páginas). Ciudad, País: editorial.

Ejemplo:

Hamel, G. (1994). The concept of core competence. En Hamel, G. y Heene, A. (Eds.). *Competence-based Competition* (pp. 11-34). John Wiley y Sons Ltd.

Papers o journals

Apellido paterno, inicial del nombre(s). (Año, mes, día). Título del artículo. *Nombre de la revista, diario, semanario, volumen* (N° de revista), páginas.

Nota: se pone la fecha de la publicación (mes para los mensuales, o mes día para publicaciones diarias y semanales), si no se tienen todos los datos sólo se indica el año.

Ejemplo:

Godínez Flores, H. (2016). Cómo ser funcionario sin compromiso y mantener el puesto. *Burocracia Infinita,* 10 (2), 11 – 69.

Página web

Publicación periódica

Apellido paterno, Inicial del nombre(s). (Año, mes día). *Título del artículo*. Nombre de la publicación, volumen (N° de revista), páginas. Obtenido el mes día, año, de la página (dirección web).

Nota: se puede poner obtenido, consultado, recuperado y la fecha. Si no tiene el mes y día sólo poner el año.

Ejemplo:

Fredrickson, B. L. (2000, 7 de mayo). *Cultivating positive emotions to optimize health and well-being.*Prevention y treatment, 3, artículo 0001ª. Recuperado en noviembre 20, 2000, de la página http://journals. apa.org/prevention/volumen3/pre0030001a.html

Documento en línea

Apellido paterno, Inicial del nombre(s). (Año). *Título*. Obtenido mes, día, año, de la página (dirección web).

Ejemplo:

Mayen, J. (2011). *Inteligencie*. Obtenido en noviembre 24, 2011, de la página www.onlylyou.com.mx

Tesis

No publicada

Apellido paterno, Inicial nombre. (Año de publicación). *Título*. Tesis o Disertación doctoral o de maestría no publicada, Institución o Universidad, Ciudad, País.

Ejemplos:

Tesis de maestría

Gonzaga Cabrera, N. (2001). *Sistema de capital humano bajo el paradigma de administración del conocimiento*. Tesis de maestría no publicada, ITESM, Monterrey.

Tesis de doctorado

Wifley, D. E. (1998). *Interpersonal analyses of bulimia: Normal-weight and obese*. Disertación doctoral no publicada, Universidad de Missouri – Columbia.

Publicada

Para tesis publicadas existen dos registros UMI y DAI. UMI es un número de registro de derechos de autor de tesis ante la Oficina del Derecho de Autor y la Biblioteca del Congreso de Estados Unidos. DAI (Dissertation Abstracts International, Disertación Internacional de Tesis). DAI y UMI son registros diferentes por lo que no siempre una tesis tiene ambos. Existen tesis publicadas que no tienen ninguno de los dos registros.

Apellido, Inicial nombre. (Año de publicación). *Título*. Tesis doctoral o de maestría, Institución o Universidad, Ciudad, País.

Apellido, Inicial nombre. (Año de publicación). Título. *Disertación de Tesis doctoral o de maestría, volumen* (número), serie. (UMI No.)

Ejemplos:

Tesis de doctorado

Ramírez Torres, R. B. (2006). *El papel productivo de la relación empresario-obrero como actores sociales en la etapa de la industria global*. Tesis doctoral. Universidad Nacional Autónoma de México, México D.F.

Bower, D. L. (1993). Employee assistant programs supervisory referrals: Characteristics of referring and nonreferring supervisors. *Disertación de Tesis doctoral, 54*(01), 534B. (UMI No. 9315947)

Tesis de maestría

Figueroa de Jesús, M. M. (2007). *Gestión de los recursos hídricos del acuífero Valle de Aguascalientes, Ags., aplicando el método ZOPP.* Tesis de maestría, Universidad Nacional Autónoma de México.

Tesis de licenciatura.

Trejo Medina, D. y Becerril Caballero, J. (1995). *Instalación y configuración de un sistema de procesamiento distribuido de alto rendimiento para consulta pública de información en RedUNAM.* Tesis para obtención de grado de Ingeniero en computación. Facultad de Ingeniería. UNAM. México.

Conferencia, congreso o reunión

Publicado

Apellido, nombre. (Año). Título del artículo, ponencia o conferencia. En Nombre del Editor (ed.), *Nombre del Congreso, Simposio, Reunión, Jornada* (con la inicial del nombre en mayúscula) páginas. Ciudad, País: editorial.

Ejemplo:

Deci, E. L. y Ryan, R. M. (1991). A motivational aproach to self: Integration in personality. En R. Dienstiber (Ed), *Nebraska Symposium on Motivation: Vol. 38. Perspectives on motivation* (pp. 237-288). Lincoln: Universidad de Nebraska Press.

Trabajo o ponencia no publicado presentado en un congreso, asamblea o conferencia.

Apellido, nombre. (Año, mes). *Título.* Ponencia o documento presentado en Nombre del congreso o reunión (con las iniciales del nombre en mayúscula), editorial, lugar, Ciudad, País.

Ejemplo:

Odriozola Urbina, A. (1987). *Impacto del enfoque centrado en la persona en el noroeste del país*. Ponencia presentada en el homenaje Póstumo; Carl R. Rogers: Vida y Obra. Universidad Iberoamericana, México, D.F.

Videos

Apellidos, inicial del nombre(s) (Productor), y Apellido paterno, inicial del nombre(s) (Escritor/Director). (Año). *Nombre* [Cinta cinematográfica, película o video]. País: Estudio de cinematográfico.

Ejemplo:

Scorsese, M. (Productor), y Lonergan, K. (Escritor/Director). (2000). *You can count on me* [Película]. Estados Unidos: Paramount Pictures.

Notas generales

- Si los datos son en inglés se traduce excepto el nombre original del libro, artículo, revista o nombre del congreso. El símbolo y se cambia por "y".
- Los datos que no se tengan se omiten.
- Más de 5 autores en inglés es "et al" (et alia), en español "y cols" (y colaboradores).
- Usar "eds." para número de edición y "Eds." para editores.
- Escribir el número de edición con números ordinales (#, ° ed.).
- Después de cada punto hay una separación.

Fuentes

Abran, A. y Moore, j. (2004). *Guide to the software engineering body of knowledge 2004 version: SWEBOK*. Los Alamitos, California: IEEE Computer Society Press.

American Psychological Association (2001). *Publication Manual* (5° ed.). Washington, DC, USA: APA.

APA (2012). *The Basics of APA Style*. Recuperado el 11 de enero de 2012 de http://www.apastyle.org/learn/tutorials/basics-tutorial.aspx

Bamford, R. Y W. J. D. II (2003). ISO 9001: 2000 for Software and Systems Providers: An Engineering Approach. USA: CRC Press

Bon (2008). Gestión de Servicios de TI basada en ITIL V3. Primera edición. Editorial del Gobierno Británico. Reino Unido.

Brooks, Frederick P., Jr. (1982). *The Mythical man-month : essays on software engineering.* Reading, Mass.: Addison-Wesley Pub. Co.

Canales Opazo Tania. *Formato APA quinta edición*. Recuperado el 13 de enero de 2012 de http://www.avanzada.idict.cu/Apa_Edicion5.pdf

CMMI. (2010) CMMI-DEV, v1.3. USA: CMMI.

Darnall, R., y Preston, J. M. (2010). *Project Management From Somple to Complex*. Flat World Knowledge, Inc.

Ejiogu, L.O. (1991) *Software engineering with formal metrics*. USA: QED Technical Publishing Group.

Gonzalez, D. (2012). COBIT 5 - Introduction. Diciembre 13, 2017, de ISACA Sitio web: http://www.isaca.org/COBIT/Documents/COBIT-5-Introduction.pd

Guía de los fundamentos para la dirección de proyectos (Guía del PMBOK) (2013).

ISACA. (2012). Un Marco de Negocio para el Gobierno y la Gestión de las TI de las empresa. Obtenido en abril 24 de 2017, de la página www.isaca.org

ISO 9000:2005 .*Sistemas de gestión de la calidad — Fundamentos y vocabulario.*

ISO 9001:2008. *Sistemas de gestión de la calidad — Requisitos.*

ISO 9004:2000. *Sistemas de gestión de la calidad — Directrices para la mejora del desempeño.*

Kim J., Behr, K., Spafford, G. (2014). The Phoenix Project: A Novel About IT, DevOps, and Helping Your Business Win. Portland: IT Revolution Press, LLC.

Martínez, F., y Chávez, G. (2010). *Administración de proyectos guía para el aprendizaje.* México D.F.: Pearson, Prentice-Hall.

Harris, D., Botten, N, McColl, J. (2008) CIM Coursebook Stakeholder Marketing (pp 10). USA:Elsevier Science / Technology Books.

Mora Pérez, José Juan. (2015). DevOps y el camino de baldosas amarillas. USA: Createspace Independent Publishing Platform.

Moreno Castrillón, F., Marthe, N. y Rebolledo, L.A. (2010). *Cómo escribir textos académicos según normas internacionales: APA, IEEE, MLA, Vancouver e ICONTEC.* Colombia: Ediciones Uninorte.

Paso a paso con GanttProject. Recuperado el 11 de noviembre de conectareducacion.educ.ar

Pressman, R. (2010). *Ingeniería de software. Un enfoque práctico.* Séptima Edición. México: McGraw Hill.

Real Academia Española. *Números ordinales.* Recuperado el 12 de enero de 2017 de http://buscon.rae.es/dpdl/SrvltGUIBusDPD?lema=ordinales

Ríos Huércano, S. (2014). ITIL v3 Manuel Integro. . Sevilla: B –able.

Robbins, S. P., Coulter M. (2005). *Administración*. México: Pearson.

Robbins, S. P. (2009). *Comportamiento Organizacional*. México: Pearson.

Salazar, J. G., Guerrero, J. C., Machado, Y. B., y Cañedo, R. (2009). Clima y cultura organizacional: dos componentes esenciales en la productividad laboral. *Acimed*, 67-75.

Student, J. (2001). *Parte V: Cómo se protegen los Derechos de Autor, (UMI)*. Recuperado el 13 de enero de 2012 de http://www.proquest.com/en-US/products/dissertations/copyright/SpanishPart5.html.

Toro López, F. J. (2013*). Administración de proyectos en informática*. Bogotá, Colombia: Ecoe Ediciones.

Wiegers, K., y Beatty, J. (2013). *Software Requirements* (Third Edition ed., Vol. 1). Redmon, Washington, EUA: Microsoft Press.

ISBN 978-0-359-31424-9

90000

9 780359 314249